Die Stimme der Landschaft

Begreifen und Erleben
der Tierstimme vom biologischen Standpunkt

Von

Heinrich Frieling

Mit 7 Abbildungen und 6 Notenbeispielen

München und Berlin 1937

Verlag von R. Oldenbourg

Druck von R. Oldenbourg, München

Vorwort.

Wie ein Kunstwerk sich nicht nur wissenschaftlich, formal-ästhetisch begreifen läßt, sondern subjektiv-seelisch erlebt werden kann, so wird man auch den natürlichen Erscheinungen nur dann voll und ganz gerecht werden können, wenn man sie nicht bloß verstandesmäßig untersucht, sondern auch zu erleben trachtet. Aber die Kunst, Natur zu erleben, ist nicht zuletzt durch die materialistische Denkart der letzten Jahrzehnte in Ungnade verfallen, und es galt, die Wuchsstoffe, Blütenform und Blattstruktur zu kennen, nicht aber den Baum als Ganzes zu sehen. Und doch ist die Natur im Großen und Einzelnen ein so gewaltiges Kunstwerk, daß dem Erlebenkönnen fast mehr Bedeutung zukommt als dem Begreifenwollen.

Die Menschheit spürte ganz instinktiv den Mangel an Erlebniskraft, der lange Zeit dem Verhältnis zur belebten Natur anhaftete. Aber die Suche nach den reinen „Umgangsformen" mit Tieren und Pflanzen da draußen verlor sich im Sumpf des Sentimentalen. Denn entzückt zu sein und nichts mehr, ist nicht das richtige Erleben!

Gerade der Gesang der Vögel wurde (und wird noch heute!) in zwei kraß gegenüberstehenden Formen zu erfassen versucht: einmal im rein physiologisch-wissenschaftlichen Streben und andermal in einer krankhaften Süßlichkeit. Es ist nicht damit getan, die „lieben Vögelein lustig in ihren Zweigen zwitschern" zu lassen oder aber auch den Vogelgesang lediglich als Ausfluß des Geschlechtslebens abzustempeln, sondern wir müssen versuchen, dem Phänomen des Vogelsingens durch eine biologische Forschung gerecht zu werden, die ganzheitlich denkt und sich — als Wissenschaft — nicht als Selbstzweck, sondern als Durchgangsstadium zur Erkenntnis betrachtet. Gesundes biologisches Denken wird immer der ärgste Feind entarteter Naturschwär-

3

merei sein und zugleich den Weg zeigen, der ins Reich jenseits des Begreifens führt. Biologische Forschung soll zielstrebig auf die Erfassung der Ganzheit vorbereiten.

Diese sichtende und vorbereitende Arbeit will auch der vorliegende Versuch leisten, der sich bewußt nicht ängstlich in den Schranken exakter Wissenschaftlichkeit hält, sondern auf das Ziel lossteuert, die Stimmen der Lebewesen auf eine einheitliche Betrachtungsgrundlage zu stellen, von der aus sich — das sei einem späteren Band vorbehalten — die gesamte tönende Welt in einer organischen Weltanschauung begreifen und erleben läßt.

Gräfelfing vor München, im Herbst 1936.

Heinrich Frieling.

Inhalt.

	Seite
Vorwort	3
Einleitung	7
1. Die lauterzeugenden Tiere, ihre Sende- und Empfangsorgane	11
2. Die biologische Deutung der Tierlaute	35
Die Tierstimme als Geste und Verständigungsmittel	37
Die Tierstimme als Ausdruck eines Gefühls oder einer Stimmung	46
Die Tierstimme in der Sphäre des Geschlechtslebens und der Platzbehauptung	53
3. Entwicklung und Ausbildung der Tierlaute, insbesondere der Vogelstimme	78
Entwicklung und Ausbildung der Tierlaute im Licht der Abstammungslehre	78
Grundideen der tierischen Lautgebung und ihr Verwirklichungsbereich	82
Herausbildung und Veränderung der Tierstimme durch Beschränkung der Verwirklichungsmöglichkeiten im Sinne einer Stilerfüllung	94
4. Der Landschaftsstil der Tierstimme und die Harmonie der Schöpfung	116
Das wichtigste Schrifttum	120
Anhang: Analyse der Tierstimme	122

Einleitung.

Die meisten Naturlaute scheinen nicht um ihrer selbst willen da zu sein, sondern sie ertönen, um gehört zu werden. Und wenn schon „Sender" und „Empfänger" sinngemäß gekoppelt sein müssen, so bedingen sie sich doch anscheinend keineswegs. Das Ächzen und Malmen des Gerölls, das die strömende Wasserkraft schiebt, gleicht einer Sendung, für die es keinen eigens abgestimmten Empfangsapparat gibt. Dieses Geräusch ist ebenso unbedingter Naturlaut wie das Donnergrollen oder das Poltern der Lawinen, das Sausen des Windes am Felsengrat und das muntere Murmeln des Bergbaches. Es sind Urlaute, scheinbar notwendig vorhanden, ohne den Sinn einer Frage, die von jemandem Antwort heischt. Urlaute mußten die Erde durchtönt haben, als noch kein Menschenohr ihnen ehrfürchtig lauschte. Sie waren die ersten Geräusche auf der Erde, deren Kruste sich erhärtete. Sie waren die Stimme der schöpferisch gestaltenden Urkräfte. Die äonenlange Formarbeit des Meeres war begleitet vom Singen des Seewindes und vom Rauschen und Krachen der Wogen am widerstrebenden Gestein. Mit schmetterndem Schall warf die Brandung seit Bestehen des Weltmeeres fein zermülmtes Gestein und Sand an die Ufer, Massen, die die Flüsse in mühseliger Fron polternd und schiebend in ihr großes Sammelbecken gerollt hatten. Berge türmten sich auf und Inseln im Ozean — mit dem Knallen und Fauchen der fiebernden Vulkane. Das Weltwerden war eine Melodie urtümlichster Prägung, und diese Melodie lebt noch heute; denn jeder Tag gestaltet weiter am Bau der Erde. Eigenartig: das Meer brauste schon, als noch keine silbernen Fischleiber die salzigen Fluten durchschnitten, Wälder rauschten im Sturm, noch ehe ein ängstlicher Vogel die schwankenden Zweige umflatterte, Unwetter tosten über das Land — und

7

kein Mensch brauchte sie zu fürchten. Eigenartig — und doch
eine selbstverständliche Forderung des Denkens. Denn warum
soll der Bergsturz in vormenschlicher Zeit nicht hörbar gewesen,
warum sollte der Blitz lautlos zerzischt sein? Aber dennoch
murmeln die Bäche nur für unser Ohr, grollt der Donner nur
in unserer Sinnenwelt — wem toste die Brandung des urzeit-
lichen Meeres? Den Tieren? Den Steinen zuliebe? Niemanden
will der Urlaut fragen — und doch hören wir ihn, hören ihn
in unserer Vorstellung bereits vor unserer eigenen Zeit! Aber
ist nicht auch diese Vorstellung wie alle anderen auf unserer
Sinnenwelt aufgebaut? Würde unser Ohr nur drei Töne vernehmen und hätte somit vielleicht nicht die Möglichkeit, den
Bergquell zu verstehen, wer würde dann vom murmelnden
Bach reden, wer würde dieses Geräusch für die Urwelt fordern?
Und was wissen wir von den Tieren? Wie hören sie die Urlaute, wie empfinden sie diese? Wir erkennen weder die Innenwelt der Tiere noch vermögen wir aus deren Verhalten immer
eindeutig abzulesen, wie sie die Urlaute spüren. So sind wir
auf uns allein angewiesen, und nur für unsere Merk- und
Innenwelt gibt es Urlaute. Sie entbehren also der Empfangs-
anlage doch nicht. Sie können nicht um ihrer selbst willen da
sein, weil das, was da ist, durch uns erst wird! Damit treten
wir aber ein in eine notwendig biologische Betrachtungs-
weise. Die menschliche Weltansicht ist an das Vorhandensein
und die Leistung der menschlichen Sinnesorgane gebunden.
Ein jeder Mensch hat seine Sinnenwelt und weiß nur durch
Erfahrung, Beobachtung und Mitteilung, daß sein Mitmensch
die gleiche oder eine ähnliche Merk- und Wirkwelt besitzt. Wir
können die fremde Sinnenwelt begreifen, erschließen, aber
nicht wirklich empfinden. Der Eindruck, den die Sinnesreize
beim Nachbarn hinterlassen, bleibt uns fremd. Wie kalt und
fern müssen uns dann erst die Empfindungen der Tiere erscheinen! Wir können an Hand des physikalisch greifbaren
„Apparates" nachweisen, ob ein Tier hört, wir können seinen
Ruf klanglich oder als Geräusch subjektiv, unter Umständen auch
objektiv erfassen, aber wir können uns dennoch nicht die Art
und Weise der Tonempfindung beim Tier vorstellen. Schließlich vermögen wir ja auch nur die Tierlaute zu hören oder nachzuweisen, die unseren Sinnen oder deren technischen Ergän-

8

zungen zugänglich sind. Es kann Wellen geben, die vom menschlichen Ohr nicht mehr als Ton wahrgenommen werden, sondern vielleicht als Erschütterung, die aber ein Tier dennoch ähnlich empfinden kann, wie wir einen Ton bemerken. Unser Ohr spricht auf die rhythmischen Schalldrucke an — vielleicht vernimmt das Organ eines Tieres die Schnelle der Schallwellen?

Soviel aber dürfen wir wohl als sicher hinstellen: Kein Tier vermag natürlicherweise mehr mit seinen Sinnen wahrzunehmen, als es ihm in biologischer Notwendigkeit zusteht, ein Satz, der zweifellos auch für den Menschen Geltung hat. Das Sinnesempfinden wird dadurch in seiner Möglichkeit eingeengt werden können, daß einmal der Empfangsapparat nur einen Ausschnitt des „Hörspektrums" wahrnehmen kann und daß zum anderen das Sinnesempfinden biologisch gefiltert ist, daß das Hören z. B. auswählend (elektiv) geschieht. Jeder Sinnenreiz geht durch ein Sieb der biologischen Auswahl des Lebenswichtigen, die also zu den artlich gegebenen Sinnesleistungen anpassungsmäßig noch hinzukommt. Es besteht so wohl eine doppelte Sicherung zur Ausschaltung unwichtiger Sinnesreize durch 1. die physiologisch-anatomische Unmöglichkeit des Hörens und 2. die rein biologische Unmöglichkeit des Hörens. Dieses letzte auswählende Nichthören kann sich einmal aus der Gewöhnung erklären: Eine Uhr, die stets im Zimmer tickt, hören wir nicht mehr; erst dann werden wir — nachträglich! — auf das Ticken aufmerksam, wenn die Uhr ihren Gang einstellt. Das Ticken ist uns also nicht zum Bewußtsein gekommen! Weiterhin kann man elektives Nichthören auch aus mangelndem Interesse heraus erklären: Viele Menschen gehen draußen spazieren, ohne einen Vogelgesang wirklich bewußt aufgenommen zu haben; der Fachmann hört auch den unauffälligsten Vogelruf aus dem Lärm eines Biergartens sofort heraus, wie der geschulte Blick des Detektivs an von anderen unbemerkten Kleinigkeiten Spuren der Tat entdeckt, für die er sich interessiert. Beide Möglichkeiten werden selten rein verwirklicht sein. Sie lehren aber, daß ein Reiz wahrgenommen werden kann, ohne ins Bewußtsein zu treten. Wir können hier vom unterbewußten Hörerlebnis sprechen. Wenn nun ein Tier nach Angaben der Physiologen und Anatomen unbedingt befähigt sein muß, Töne von einer gewissen Höhe und Stärke zu hören, so wissen wir nun, daß über die Empfindung dieses Tones beim Tier doch noch nichts Genaues ausgesagt werden kann. Aber auch wir selbst mögen viele (Ur)laute gar nicht hören (Sphärenmusik!!), weil diese nicht von biologischer Wichtigkeit für uns sind.

So erscheint es hoffnungslos schwer, etwas Objektiv-Wissenschaftliches über die Wirkung der Laute auf Tiere und so auch überhaupt über die Bedeutung der Tierlaute aussagen zu wollen, zumal da es auch noch manche rätselhaften Sinnesorgane im Tierreich gibt, die uns fehlen und deren Arbeit und Wirkung wir nicht einmal nacherleben können. Schon unter unseren Mitmenschen vermuten wir gern Sinne, die uns abgehen; ich erinnere an die Fähigkeit des Hellsehens und der absoluten Orientierung. Kann nicht eine dieser Fähigkeiten jenen Menschen in ein ganz anderes Verhältnis zu seiner Umwelt bringen, als wir es von uns aus kennen?

Trotz all dieser Grenzen unserer Vorstellung glauben wir uns doch berechtigt zu fühlen, die tönende Welt im Reich des Lebens zu untersuchen, wenn wir uns nur eingestehen, daß diesen Arbeiten stets ein mehr oder weniger subjektives, das heißt: auf die eigene Um- und Innenwelt bezogenes Moment anhaften wird. Und wir halten es auch für angängig, die Laute, die wir selbst hören, zu untersuchen, weil wir sie eben hören und weil sie somit auch für unsere Welt eine gewisse Bedeutung haben werden. Denn daß wir uns gänzlich ausschalten können, darf gar nicht gefordert werden, im Gegenteil: eine synthetische Darstellung kann nie ohne die Beachtung der Welt des Darstellers und Auslegers gegeben werden.

So werden wir im folgenden versuchen, die Tierlaute in ihrer eigentlichen Welt aus unserer Welt heraus zu begreifen.

10

1. Die lauterzeugenden Tiere, ihre Sende= und Empfangsorgane.

Wenn ein Frosch ins Wasser springt, so daß es klatscht, haben wir sicherlich eine Lauterzeugung vor uns, aber eine solche, die in keiner Weise ein Ausdruck, ein Signal oder ein Zuruf zu sein scheint, sondern lediglich zusätzlich und zufällig auftritt. Klatscht nun aber ein Biber mit seinem breiten Kellenschwanz aufs Wasser, so war das keine Zufälligkeit, sondern ein bedeutungsvolles Klatschen, das wir den Umständen nach als Warnlaut bezeichnen können. Wir untersuchen nun also lediglich die Laute — gleich, wie sie erzeugt werden —, die einen biologischen Sinn haben, einen Sinn, der dem Lauterzeuger durchaus nicht zum Bewußtsein zu kommen braucht. Unter diesen Gesichtspunkten wollen wir einen kleinen Streifzug durch die Tierwelt unternehmen!

Urtiere, Schwämme, Hohltiere, Stachelhäuter, Mollusken und Würmer sind anscheinend völlig stumme Tierkreise, wenn wir auch von Schnecken und Regenwürmern gewisse Laute (von letzteren ein regelrechtes Schmatzen) hören können. Einen biologischen Sinn vermögen wir ihnen aber nicht unterzulegen. Die meisten der genannten Tiergruppen sind aus Wasserbewohnern zusammengesetzt, von denen wir ja schon von vornherein keine ausgeprägte Lauterzeugung erwarten, genau wie wir uns die Fische immer als stumm vorstellen. Aber die „stummen Fische" gehören ins Märchenreich ebenso wie der auch lange Zeit von den Wissenschaftlern gehütete Glauben, daß Fische nicht hören könnten. Beide — falschen — Ansichten hatten immer wieder ihre ernstesten Verfechter, besonders erschien aber die Taubheit völlig sicher, da man aus dem Bau des inneren Ohres kein Hörvermögen abzuleiten vermochte. — Das Labyrinth wird bei allen Wirbeltieren von

11

zwei Abschnitten gebildet, dem Utriculus, der im Dienst des Gleichgewichtssinnes steht, und dem Sacculus, an den sich dann im „typischen" Fall noch die Lagena ansetzt, die bei den höheren Wirbeltieren an Umfang immer mehr zunimmt und schließlich als aufgerollte „Schnecke" erscheint (Abb. 1). Die Lagena ist der eigentliche Sitz der Hörsinneszellen und deren Begleit- apparate, die normalerweise aus einem Schallraum (Resonanz- vorrichtung) und einem schwingenden Häutchen (Membran) bestehen. Bei den Fischen nun ist diese Lagena ein höchst kümmerliches Gebilde, eigentlich nur eine winzige Ausstülpung

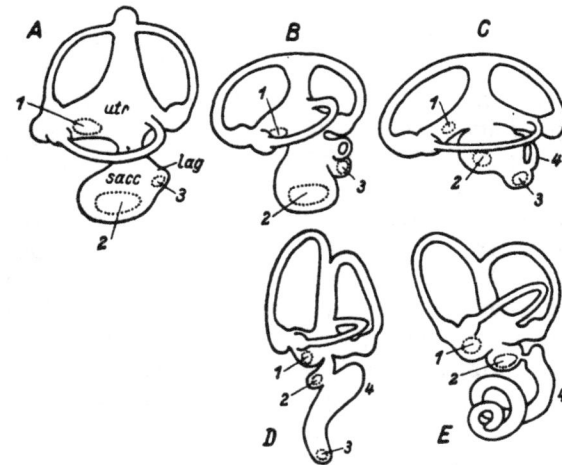

Abb. 1.
Labyrinthe von
Wirbeltieren.
A Fisch, B Frosch,
C Reptil, D Vo-
gel, E Säugetier,
1 Macula utriculi,
2 Macula sacculi,
3 Macula lagenae,
4 Basalpapille.
utr Utriculus,
sacc Sacculus,
lag Lagena
(nach Hesse).

des Sacculus. Sie enthält einen Sinneszellenkomplex, die Macula statica lagenae, welche also einen Gleichgewichts- (Statolithen)apparat darstellt und einen sog. Hörstein ein- schließt, der aber eigentlich kein Hör-, sondern ein Gleichgewichts- stein ist und den wir auch bei Krebsen und anderen Wasser- bewohnern in der verschiedensten Form, aber in gleicher Wirkungsweise wiederfinden. Wir Menschen haben — wie die Landtiere — keine Hörsteine; unser nicht besonders gut ent- wickelter Gleichgewichtssinn hat im Labyrinth seine Grundlage in den Bogengängen mit der je nach der Bewegung verschieden sich an die Sinnespolster andrückenden Flüssigkeit. Kurz und

12

gut: diese Steine haben sonst nie etwas mit dem Hören zu tun. Bei den Fischen besitzt die Lagena nun noch keine anschließende Basalpapille wie bei den Amphibien, die mit dieser zur Wahrnehmung von Schallwellen einen geeigneten Apparat besitzen. Wie sollten aber nun die Fische mit einem solchen mangelhaften Apparat hören? Trotzdem haben Versuche und Beobachtungen immer wieder die Hörfähigkeit ergeben, wenigstens bei einer beschränkten Anzahl von Fischen. Diese müssen also doch mit dem Statolithenapparat hören können; aber sie könnten es nicht ohne eine sehr wichtige Hilfseinrichtung: Es führen nämlich drei gelenkig miteinander verbundene Knöchelchen vom Vorderende der Schwimmblase zum Labyrinth, d. h. zu einem mit Gewebsflüssigkeit (genauer: Perilymphe) gefüllten Raum des Hinterhauptknochens, und in diesen Raum ragt ein blinder Fortsatz des Verbindungsganges der endolymphatischen Gänge beider Labyrinthe. So werden die Schallwellen vom Resonanzapparat, der Schwimmblase, zum Labyrinth als Empfänger geleitet, wodurch der Fisch vierzig- bis siebzigmal so gut hören kann als bloß mit dem Lagena-Statolithenapparat. Eine solche Knöchelverbindung (Webersche Knöchel) zwischen Labyrinth und Schwimmblase besitzen z. B. unsere Weißfische (darunter also auch die karpfenartigen) und die Welse. Sie wird hingegen vermißt bei Forellen und Barschen. Wie nun Versuche erwiesen haben, hören die letztgenannten Fische tatsächlich schwer oder gar nicht, was uns besonders bei der Forelle im tosenden Bach nicht wundert, aber bei anderen Stillwasserfischen doch ziemlich unerklärlich bleibt. Ein geradezu erstaunlich gutes Gehör konnte man durch Versuche bei Elritzen, Welsen und Goldorfen nachweisen. Die v. Frischsche Schule in München dressiert die Fische zum Zwecke der Gehörsprüfung auf bestimmte Pfeiftöne (oder Stimmgabelschwingungen) und sorgt dafür, daß der Versuchsleiter für den Fisch unsichtbar bleibt oder daß nicht etwa irgendwelche Erschütterungen eine Fehldressur auslösen können. Bläst man nun immer wieder den Dressurton bei der Darbietung des Futters an, so lernen die Tiere recht bald den Ton erkennen, was sie durch lebhaftes Futtersuchen (Schnappen) deutlich genug kundtun, auch wenn kein Futter gereicht wird. Mühsame Forscherarbeit hat uns hier das klare und schöne

13

Ergebnis beschert: die untersuchten Fische (mit Schwimm-
blasenhilfsapparat) hören etwa so gut wie ein Mensch! Im
absoluten Hören vermögen sie eine kleine Terz noch gut zu
unterscheiden. Auch auf Rhythmus lassen sie sich dressieren,
und man hat neuerdings Versuche angestellt, die zu beweisen
scheinen, daß die Tiere im relativen Hören noch halbe Töne
zu trennen vermögen! — Wozu nun aber — und hier kehren
wir zur Ausgangsfrage zurück — besitzen die Fische ein so
braves Organ, wenn sie stumm sind und ihnen ihre Nahrung
doch sicher stumm begegnet und sie den Feind über oder im
Wasser ja viel einfacher mit dem feinen Tast- und Ferntastsinn
erkennen können? Aber Fische sind gar nicht stumm, sondern
geben Töne von sich, laute und leise, sehr leise sogar. Der
Entdecker der Piepslaute aufgeregter Elritzen konnte das sehr
häufig ausgestoßene Geräusch nur wahrnehmen, wenn er das
Ohr direkt oder doch sehr nah an das Glasbecken hielt, noch
besser, wenn er ein Mikrophon mit Lautverstärker einbaute.
Die Tonhöhe liegt etwa zwischen c″ und a‴. Ganz ähnlich
piepst der Schlammpeizger. Allerdings scheint er nur außerhalb des Wassers Töne von sich zu geben. Ein Verwandter des
Welses knarrt recht laut und deutlich mit seinen eigens der
Lauterzeugung wegen umgestalteten Flossen, der Knurrhahn
knurrt (das war schon recht lange bekannt), und gewisse Sziäniden
lassen gar ein weitschallendes Trommeln hören. Im Sunda-
gebiet brüllt der Therapon so laut, daß sein Getöse dem Reisen-
den die Nachtruhe stehlen kann wie bei uns ein Froschkonzert.
Ein kalifornischer Fisch hat auf Grund seiner Tonerzeugung
den etwas schmeichelhaften Namen „Sängerfisch" erhalten —
kurz, es ließen sich noch viele Beispiele anführen, und wir dürfen
wohl sagen, daß etwa vierzig Fischgattungen (und das sind viel)
lauterzeugende Vertreter besitzen. Es ist in vielen Fällen auch
so gut wie sicher, daß die Töne von den Fischen selbst wirklich gehört werden, zumal die meisten bei der Fortpflanzung nur vom
einen Geschlecht ausgestoßen werden. Fische, die schwerhörig oder
taub sind, sind meist auch stumm — wieder ein Beweis, wie
innig Hörvermögen und Lauterzeugung zusammengehören.

Von dem einfachen Bau des Labyrinthes ausgehend
können wir das Gehörorgan der Amphibien und mehr noch der
Reptilien als feiner ausgebildet bezeichnen. Neben der Lagena

mit ihrem Sinnesfleck (Macula) wächst eine eigenartige Papille aus, die wir bereits erwähnten. Vom schlauchförmigen Gebilde aus erreicht sie durch Aufrollung in mehrere ($1^1/_3$ bis 4) Windungen bei den Säugetieren ein gewisses Endstadium der Ausbildung. Der Sinnesapparat der Basalpapille ist dadurch gekennzeichnet, daß er mit seinen knöchernen Wandteilen eine einseitige Verbindung mit dem knöchernen Labyrinth eingeht, wodurch ein Teil der Wand, die Basalmembran, wie in einem Rahmen ausgespannt erscheint (Abb. 2). Die Schallschwin-

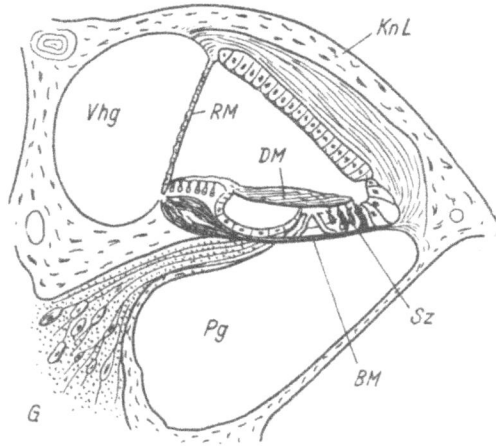

Abb. 2.
Querschnitt durch einen Schneckenumgang einer Fledermaus.
Bm Basalmembran, *Sz* Sinneszellen, *DM* Deckmembran, *RM* Reißnersche Membran, *Vhg* Vorhofsgang, *Pg* Paukengang, *G* Ganglion des Hörnervs, *KnL* Knöchernes Labyrinth (nach Hesse).

gungen, die sich bereits auf die Perilymphe übertragen hatten, werden nun auch die Membran in Mitschwingungen versetzen, die dadurch wiederum in ganz bestimmter Weise die ihr aufgesetzten Sinneszellen reizt. Diese Sinneszellen berühren außerdem — in Schwingung gebracht — eine über ihnen liegende Deckmembran. Über den Mechanismus der Reizung, der schließlich der Tonempfindung zugrunde liegen muß, wissen wir eigentlich noch nichts Genaues. Wir geben hier dafür eine Theorie des Hörens wieder, und zwar die Helmholtzsche, die immer noch am meisten Wahrscheinlichkeit besitzt. Sie nimmt an (wir zitieren nach Hesse), daß die Fasern der Basalmembran durch ihre verschiedene Länge, Dicke und Spannung

15

wie Klaviersaiten auf bestimmte Töne gleichsam abgestimmt
sind und daß jede Faser nur bei Wellen von bestimmter Länge,
die die Perilymphe des Paukenganges durchlaufen, mitschwingt.
Es werden daher die über der Faser jeweils stehenden Hörzellen
nur durch einen ganz bestimmten, ihnen zugedachten Ton
erregt. Durch einen Klang, der aus verschiedenen Tönen zusammengesetzt ist, werden verschiedene Stellen des Schnecken-
ganges zugleich erregt, wie in einem Klavier verschiedene Saiten
mitschwingen, wenn man hineinsingt. — Die Hilfseinrichtungen,
die getroffen sind, damit die Schallwellen zur Perilymphe des
Sacculus und somit durch den Vorhofsgang zum Paukengang

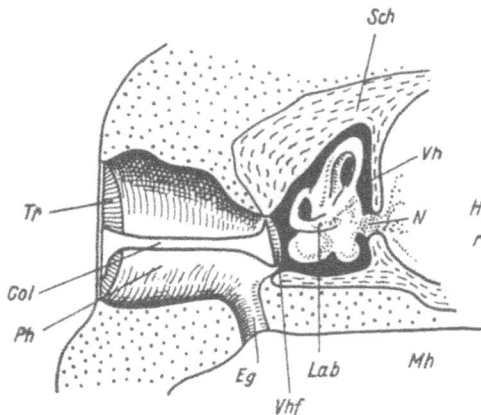

Abb. 3.
Schematischer Schnitt
durch das Hörorgan des
Frosches.
Tr Trommelfell, *Col* Co-
lumella, *Ph* Paukenhöhle,
Eg Eustachischer Gang
nach der Mundhöhle (*Mh*),
Vhf Vorhofsfenster, *Lab*
Labyrinth, *Vh* Vorhof,
Sch Schädelknochen (nach
Hesse, verändert).

der Schnecke gelangen können, erwähnen wir hier nur flüchtig.
Dazu gehört vor allem das Trommelfell, das nach innen zur
Paukenhöhle geht. Wir erkennen es bei den Fröschen und
Kröten schon deutlich mit bloßen Augen, vermissen es hingegen
bei Salamandern und der Knoblauchskröte. Die durch Schall-
wellen erzeugten Schwingungen des Trommelfells werden
durch ein Skelettstück oder durch drei solcher Knöchel auf das
Vorhofsfenster und damit auf die Perilymphe übertragen. Bei
den Amphibien, Reptilien und Vögeln ist das Skelettstück in
Einzahl vorhanden und als Columella bekannt (Abb. 3). Die
Columella verbindet also das Trommelfell mit dem Vorhofsfenster (ovales Fenster) und dient der Weitergabe der Schwin-

16

gungen, ja in gewisser Weise wohl auch ihrer Verstärkung, obgleich ein eigentliches Hebelprinzip erst bei den Säugetieren
erreicht ist, die bekanntlich drei Gehörknöchel (Hammer, Amboß
und Steigbügel) besitzen. Es ist sicher sehr schwer, aus dem Bau
dieses inneren Ohres auf die Hörleistung der Landwirbeltiere zu schließen. Denn obwohl uns die Ausbildung von drei
gelenkig miteinander verbundenen Hörknöchelchen bei den
Säugetieren wohlentwickelter, sicher aber differenzierter, d. h.
in der Feinbildung fortgeschrittener erscheint, können doch
Vögel mit ihrer Columella ganz gewiß ebensogut hören wie
Säugetiere, ja in einzelnen Fällen übertreffen sie diese vielleicht noch. Man sieht innerhalb der Vogelklasse bei den nachweislich feinhörigsten Arten (Eulen und Raubvögel — die
übrigens entwicklungsgeschichtlich zu den „primitiveren" Vögeln
gehören) einen verfeinerten Bau der Columella. Bei Lummen
und Alken, die immer dem Getöse der an die Felsen brandenden
See ausgesetzt sind, hat eine solche Verfeinerung des Gehörs
und der Columella wohl von vornherein keinen Sinn — und in
der Tat: sie ist einfacher gestaltet. Eine Verfeinerung des Hör-
sinnes bedeutet zweifellos auch eine Einrichtung, die dem Richtungshören dient. Eulen sind z. B. in der Lage, Hautfalten
als Ohrmuscheln zum Einfangen der Schallrichtung zu benutzen. Bei vielen Säugetieren sind ja nun die Ohrmuscheln,
die vom Laien allein als Gehörorgan angesehen zu werden
pflegen, recht gut ausgebildet. Wer je ein Pferd vom Bock aus
gezügelt hat, der weiß, wie schnell die Ohrtüten uns ihre
Öffnung zuwenden, wenn wir etwas rufen. Gerade Steppen-
tiere (und das Pferd gehört zu ihnen) müssen immer sofort
unterscheiden können, woher ein Geräusch kommt, damit sie
in der entgegengesetzten Richtung gegebenenfalls entfliehen
können. Den in der Erde wühlenden Säugetieren fehlen die
Ohrmuscheln entweder ganz oder sie sind doch recht kümmerlich
ausgebildet. Für sie spielt ja ein Richtungshören längst nicht
die Rolle wie für die Tiere des freien Landes oder des Waldes.
Sie werden auch durch Erschütterungen eher aufmerksam als
durch Schallwellen, ähnlich vielleicht wie die Wassersäugetiere,
denen eine deutliche Ohrmuschel auch meistenteils fehlt und
für die wir — ebenso wie für die Fische — kein ausgesprochenes
Richtungshören annehmen dürfen.

Wie sind nun die Stimm- und Lautäußerungen der durch ein so verschiedenartiges, aber doch immer dem Leben angepaßtes und leistungsfähiges Gehörorgan ausgezeichneten Landwirbeltiere? Zunächst die Amphibien: Die Froschlurche verfügen großenteils über sehr auffällige und laute Stimmen. Unermüdlich schallt das „Brekeke koax" der grünen Wasserfrösche in lauen Frühlingsnächten an unser Ohr, und von den Büschen in der Wiese läßt der Laubfrosch sein „räbräbräb" ertönen. Ungeheuer laut klingt die Stimme des Ochsenfrosches, angenehmer die der Pfeiffrösche. In den moorigen Tümpeln schnurrt die Wechselkröte ihr „ürrrrrrrr", während unsere Erdkröte zur Zeit der Fortpflanzung ein weiches „öng" erklingen läßt, das in melodischer Weise auch die Unken rufen. Wie ein Zauberglöckchen hört sich das zarte Stimmchen der Geburtshelferkröte an. — Einen eigentlichen Kehlkopf haben die Frösche noch nicht, wenigstens keinen Stimmbandapparat. Bei ihnen schwingen an Stelle einer Membran die Ränder des schlitzförmigen Luftröhrenmundes. Das Gestoßene im Froschkonzert wird durch abwechselndes Schließen und Öffnen des Kehlspaltes hervorgebracht. Die verschiedene Klangfarbe erhalten die Töne durch die Gestaltung des „Ansatzrohres" der „Pfeife", wenn wir hier Begriffe aus der Akustik anwenden dürfen. Da der Kehlschlitz bei den Lurchen am Anfang der Luftröhre sitzt, kann als Ansatzrohr für diese Tiere nur die Mundhöhle in Frage kommen. Um nun den Quaklaut, der übrigens mit geschlossenem Munde erzeugt wird, noch zu verstärken, besitzen die Frösche häufig Schallblasen, die sich in Ein- oder Zweizahl ausstülpen können. Sie kommen nur den Männchen zu, die ja auch allein über eine bedeutendere Stimme verfügen, und sind physikalisch weiter nichts als Resonanzvorrichtungen. — Gegenüber den Froschlurchen erscheinen die Schwanzlurche (Molche, Salamander) als ziemlich stumm, und in der Tat fallen ja auch die leisen Quaklaute der Salamander sehr wenig auf, noch dazu als sie nur während der Paarungszeit des Nachts ausgestoßen werden. Vom japanischen Riesensalamander wird freilich berichtet, daß er über erhebliche Schreie verfügt.

Die Reptilien besitzen nur selten Kehlöffnungen, die eine tönende Stimme erlauben. Sie können daher mit Ausnahme der Krokodile auch höchstens zischende und fauchende Laute

hervorbringen, die ihre Entstehung einfach einer starken Luftauspressung verdanken, der zuliebe sich die Tiere oft geradezu
aufblasen. Man darf im allgemeinen die Reptilien als hör-
fähig bezeichnen, aber für diese lebhaften Geschöpfe erscheint
die Gabe ausreichenden Hörens ja auch nicht verwunderlich,
müssen sie sich doch auf alle mögliche Weise vor Feinden
schützen. Das Klappern der Klapperschlange, das bekanntlich
mit einer besonderen „Kastagnette" am Schwanzende ausge-
führt wird, gilt wahrscheinlich nicht den eigenen Artgenossen,
sondern besitzt die Bedeutung eines Warnlautes oder Schreck-
mittels für Feinde. Die Taubheit der Klapperschlange scheint
nämlich ziemlich sicher erwiesen zu sein.

Abb. 4.
Menschlicher Kehlkopf, in Stirn-
richtung durchschnitten. Man sieht
vom Halsrücken aus ins Innere
(nach Henle, vereinfacht).

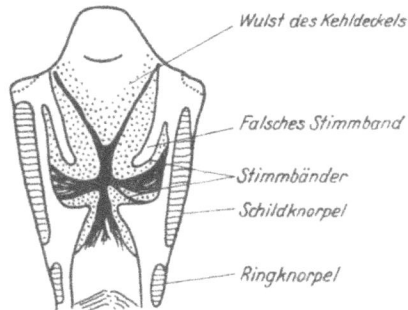

Wulst des Kehldeckels

Falsches Stimmband

Stimmbänder

Schildknorpel

Ringknorpel

Es ist nahezu unmöglich, von einer Ableitung der Stimmorgane eines Vogels von denen der Reptilien zu sprechen; denn
hier waltet, wie wir sehen werden, ein ganz anderes Prinzip.
Wohl aber könnte man, wenn man es eben durchaus will, die
Stimmorgane der Säugetiere in ihrem Bau als eine Weiter-
bildung der einfachen Kehlköpfe der Reptilien ansehen. Denn
hier hat sich der obere Abschnitt der Luftröhre zu einem wirklichen Kehlkopf verwandelt, und es schwingen nicht mehr nur
dessen Wände, sondern besondere Schleimhautfalten, die
Stimmbänder, die den freien Raum des Kehlkopfes (Larynx)
einengen (Abb. 4). Stimmbänder haben unter den Reptilien
nur die stimmbegabten Krokodile, bei Säugetieren sind sie
(wenigstens ursprünglich) immer und überall vorhanden. Die

2*

19

vor allem beim Ausatmen durch die Luftröhre ftreichende Luft
verſetzt nun dieſe Bänder in Schwingungen, wozu ſie beſonders
dadurch fähig werden, daß die Wände des Kehlkopfes durch
Knorpelringe verſtärkt ſind, ſo daß eben die geſamte Schwin-
gungsmöglichkeit gewiſſermaßen von den Bändern in Anſpruch
genommen werden kann. Durch das Schwingen kommt es
zu abwechſelnden Verdünnungen und Verdichtungen der Luft,
wodurch nach Art einer Zungenpfeife Töne entſtehen können.
Die Stimmbänder verlaufen vom Schildknorpel (auf der
Bauchſeite) nach dem Stellknorpel (auf der Rückenſeite) und
laſſen zwiſchen ſich die Stimmritze frei. Beim gewöhnlichen
Atmen iſt dieſe Ritze weit, und die Bänder ſind ſchlaff. Soll ein
ſtarker Luftton die Bänder zum Schwingen bringen, ſo müſſen
dieſe geſpannt werden, während die Ritze natürlich gleichzeitig
verengert wird. Dieſes Spannen der Bänder geſchieht durch
die Muskulatur des Stellknorpels und iſt eine Willenshandlung;
denn wären die Bänder immer geſpannt, ſo müßte das Tier
ja bei jedem Atemzug einen Ton von ſich geben! Die Tonhöhe
hängt letzten Endes ebenfalls von der zur Muskelbewegung
benutzten Kraft ab: ſchlaffere Bänder ergeben einen tieferen
Ton als geſtraffte — wie man ſich an jedem Gummibändchen
überzeugen kann. So iſt es aber auch klar, daß eine Stimmenmannigfaltigkeit nur auf Grund beſonders fein arbeitender oder
aber zahlreicher Muskeln erreicht werden kann. Trotzdem iſt
der Bau des Kehlkopfes und ſeiner Muskelmaſſe noch kein
eindeutiges Kennzeichen für die Art der Stimmäußerung;
Affen und Menſchen haben z. B. nahezu gleichgebaute Kehlköpfe — und wie unendlich reichhaltiger iſt die Stimme des
Menſchen im Vergleich zum Affen.

Im einzelnen iſt der Lautſchatz der Säugetiere recht gering,
wenn wir mit Vogel oder Menſch vergleichen. Viele Arten
bringen Laute nur zur Brunſtzeit hervor, andere ſind an-
ſcheinend ziemlich ſtumm. Sehr häufig verfügt nur das eine
Geſchlecht über beſtimmte Laute. Beim Rind kennen wir nur
das Muhen und das Knurren des Bullen als weſentliche
Stimmäußerung, und ebenſo wiſſen wir, daß das Schaf blökt,
die Ziege meckert und der Löwe brüllt. So hat auch manches
Säugetier, abgeſehen von Paarungsrufen, immer nur ein
ganz charakteriſtiſches Lautgebilde zur Verfügung, demgegen-

20

über andere noch geäußerte Laute nebensächlich oder gar unbekannt erscheinen. Zergliedern wir aber die Rufe eines Tieres, z. B. eines Hundes oder einer Katze (wie z. B. Schmid es tat), genau nach Klangcharakter und Situation, so finden wir doch eine nicht unbeträchtliche Mannigfaltigkeit der Ausdrucksform. Das Hundebellen kann in den verschiedensten Variationen Ausdruck für Freude, Furcht oder Kampfeslust sein, es kann gleitend übergehen zum Winseln und Jaulen, hohe und tiefe Töne können wechseln usw. Die Katze miaut und verfügt bei ihren Liebesabenteuern auf den nächtlich dunklen Dächern, wie wir alle wissen, über recht verschiedenartige Laute, die oft mit erschreckender Deutlichkeit an die Stimme eines schreienden Kindes erinnern. Wir glauben, bestimmte Vokale und Konsonanten aus den Schreien heraushören zu können, und sind immer wieder erstaunt, auch abgerissene und ineinander übergehende (auch im „Portamento") Laute zu hören. Immer aber fällt es uns leicht, Säugetierrufe auf ein und denselben Grundlaut zurückzuführen, mag dieser noch so sehr verwandelt erscheinen. Die Stimme hat ihre ganz bestimmten Grenzen, und man beobachtet niemals die Erscheinung, daß ein Säugetier freiwillig die Stimme eines anderen Tieres oder des Menschen nachahmt. Dazu sind die meisten Säugetiere vielleicht weniger der andersartigen Stimmgrundlage (Bau des Kehlkopfes) wegen nicht befähigt, sondern aus biologischen Gründen. Wie wir noch sehen werden, brauchen eben die Säugetiere keine komplizierte Sprache und haben es gar nicht nötig, fremde Stimmlaute nachzuahmen, wie wir das so häufig und regelmäßig bei den Vögeln antreffen. Daher kann auch niemals die Dressur auf Nachahmung der Menschensprache bei einem Säugetier so befriedigend gelingen wie beim Vogel. Die Intelligenz ist hierbei überhaupt nicht im Spiel; mancher Affe ist intelligenter als ein Gimpel, lernt aber nicht im entferntesten so gut nachsprechen oder gar nachsingen wie der Vogel. Es kommt lediglich darauf an, ob ein Tier auch im natürlichen Leben „spricht", d. h. sich bei seinen Artgenossen zum mindesten verständlich macht und mehr oder weniger auf die Gebärde verzichtet. Vögel sprechen nun einmal dauernd, gesellig wie sie sind, und nehmen auch freiwillig aus ihrer tönenden Umwelt Lautbestandteile auf, ja, sie erlernen sogar ihren eigenen

Gesang, so daß die Leistung des Imitierens von vornherein
seine naturgegebene Grundlage hat, ohne die nirgends eine
Dressur möglich ist. Menschenaffen, die nicht allzu gesellig
(wenigstens außerhalb ihrer Familie) leben, haben trotz ihrer
Intelligenz nicht die Fähigkeit, andere Laute nachzuahmen,
obgleich ihre Rufsprache ziemlich gut ausgebildet ist. Dagegen
gelingt es schon eher, einen Hund zum Nachsprechen abzu-
richten, obwohl er doch vom Menschen noch abweichendere
Laute natürlicherweise hervorbringt als der Schimpanse.
Hunde sind als Herdenjäger gewohnt, in die Laute des An-
führers miteinzustimmen („mit den Wölfen heulen!") und so
eine Art Gemeinschaftskundgebung zu veranstalten. Aber
dennoch erscheinen uns auch die geringen Ergebnisse, die über
das Sprechenlernen des Hundes vorliegen, biologisch gar nicht
mit den an „sprechenden" Vögeln gewonnenen vergleichbar zu
sein. Die interjektionsartigen Stimmäußerungen sind zudem
den Säugetieren angeboren, und von einem Erlernenmüssen
der arteigenen Lautgebung kann wohl keine Rede sein.

Wenn die Stimmenmannigfaltigkeit im einzelnen nicht besonders groß erscheint, der Tonumfang z. B. kaum eine Oktave
überschreitet (Gibbon), so ist das Reich der Säugetierlaute im
allgemeinen betrachtet doch recht groß. Vom hellen Zirpen der
Fledermäuse, das manches Menschenohr schon gar nicht mehr
vernimmt, bis zum tiefen Grollen des Wüstenkönigs gibt es
alle möglichen Übergänge. Viele Stimmen sind kaum hörbar,
andere wieder sehr laut und schallend, was übrigens auch auf
eine gute Resonanzvorrichtung hinweist. Beim schreienden
Gibbonmann bläht sich die Kehle stark auf, und beim Brüllaffen kann man von einer richtigen Schallblase sprechen, die
sogar in den hohlen, aufgetriebenen Körper des Zungenbeins
eindringt. — Interessanterweise besitzen die Wale kein Stimmband, sie können also nur schnarchende und prustende Geräusche
hervorbringen. Ihr Gehörgang hat keinen freien Binnenraum,
das Trommelfell ist dick, die Gehörknöchelchen sind plump und
nicht gelenkig miteinander verbunden. Die Steigbügelplatte
ist bindegewebig im ovalen Fenster verankert. Trotzdem ist der
Schneckengang wie auch das übrige Labyrinth gut ausgebildet.
Die Schallzuleitung geschieht nun — da sie nicht über die
Knöchelchen erfolgen kann — durch die Knochen des Labyrinths

22

und der Paukenblase (Bulla ossea), die mit dem Schädelknochen nur lose durch Bindegewebe zusammenhängt und daher oft, vom übrigen Skelett gesondert, vom Meeresgrund heraufgeholt wird.

Außer über echte Stimmlaute verfügen manche Säugetiere auch noch über „instrumental" erzeugte Laute. Der Biber schlägt mit seinem abgeplatteten Schwanz kräftig auf die Wasseroberfläche und warnt damit seine Kumpane. Der Gorilla trommelt sich auf der Brust mit den Fäusten so stark herum, daß es ein weithin hörbares Geräusch gibt, das vielleicht seine biologische Bedeutung hat. Bei anderen mit einer Lauterzeugung einhergehenden Gebärden wissen wir nicht, ob hierbei wirklich auch das Geräusch biologisch beabsichtigt ist oder ob sich die Gebärde lediglich an das Auge wendet (so trommeln verschiedene Tiere, besonders Affen, auf dem Boden). Inwieweit das Schellen der Afterklauen bei vielen Huftieren eine biologische Bedeutung hat, ist auch schwer zu entscheiden. Manche wollen im „Schellen des Geäfters", wie der Jäger sagt, einen Stimmfühlungslaut erkennen. Zahlreich sind natürlich die Laute, die einer Luftauspressung ihre Entstehung verdanken und die sich in Schnarchen, Rülpsen usw. kundgeben können. Ihnen kommt kaum eine biologische Bedeutung zu.

Das Reich der Vögel ist als sangesfreudig und ruflustig ja berühmt genug, um diese Tatsache hier nicht noch weiter auszuspinnen. In seiner Art ist das Stimmorgan der Vögel, das wir gleich besprechen werden, eine vollkommen abgeschlossene (wenn man will, also höchstentwickelte) Apparatur, die sich keineswegs auf dem Wege der Ableitung in eine Linie mit den Kehlapparaten der Amphibien, Reptilien und Säuger stellen läßt. Dieser Apparat ermöglicht den Vögeln eine Stimmenmannigfaltigkeit, die mit der unsrigen ohne weiteres zu vergleichen ist und in mancher Hinsicht diese noch übertrifft, da es sich ja nicht um einzelne, individuelle Hochleistungen handelt, sondern um artlich festgelegte! — Mit ganz wenigen Ausnahmen verfügt jeder Vogel über eine Stimme. Manche Arten kommen freilich über gewisse eintönige und einsilbige Rufe nicht hinaus, andere dagegen haben eine regelrechte Sprache, in der sie Stimmungen willkürlich ausdrücken können. Zweifellos sind die einzelnen Vogellaute nicht ohne weiteres auf eine (psycho-

23

logisch und physiologisch faßbare) Ebene zu bringen, sondern man muß mitunter recht scharf trennen zwischen Rufen, Rufstrophen und Liedern. Die Rufe kann man wieder in solche zerlegen, die „unbeabsichtigt" als reine Interjektion geäußert sind und sich an keine bestimmte „Adresse" wenden, und solche, die im Sinne eines Verständigungsmittels an eine bestimmte Adresse gerichtet sind. Auch die Lieder sind nicht einheitlich: der Balzgesang läßt sich vom Schwätzen (das mehr oder weniger als Chorschwätzen ausgebildet sein kann) ebenso scharf trennen wie vom Paarungslaut, der wieder mehr den formfesten Charakter einer Rufstrophe hat. Wir werden auf die Bedeutung der einzelnen Stimmäußerungen noch mehrfach zurückkommen und hier nur anführen, daß der Gesang, den wir hauptsächlich von den Singvögeln kennen, meistenteils ein Balzgesang ist, der nicht nur eine einfache Daseinsbezeugung ist, sondern darüber hinaus noch eng mit den Erfordernissen der Fortpflanzung (Platzbehauptung, Weibchen) verbunden ist. Er gehört strenggenommen in keine Parallele zur eigentlichen Vogelsprache und zu den Lautäußerungen der Säugetiere, weil er nicht eine einmalige äußere und innere Begebenheit zum Ausdruck bringt, sondern einem lang andauernden, physiologischen und seelischen Zustand angehört und in einer artfesten, aber stark wandelbaren und nicht angeborenen Form ausgedrückt wird. Die Vogelrufe sind hingegen angeboren und besitzen mehr noch den Charakter einer Gebärde als die Gesänge. Wenn Gesänge fremder Arten häufig angenommen werden, so sind die Rufe streng an die Art gebunden, und ferner sind die verschiedenartigen Rufe (Warn-, Lock-, Angst-, Bettelrufe usw.) stets scharf in sich gesondert, sie gehen niemals ineinander über und lassen sich nach ihrer stimmlichen Ähnlichkeit meist gar nicht zusammenbringen. Es handelt sich hier um eine wohlartikulierte Sprache. Wenn das Hundegebell ohne weiteres in ein Jaulen und Winseln übergehen kann, so daß man den Eindruck hat, daß bei einer bestimmten Gelegenheit das Bellen etwas ganz anderes bedeutet als bei einer anderen, so grenzen sich die Rufe ein und derselben Vogelart deutlich gegeneinander ab. Dabei kann einmal ein Laut als tief knarrend und der andere, der etwas anderes ausdrücken soll, als hoher Pfeiflaut bezeichnet werden. Solche starke Verschiedenheiten inner-

24

halb des Gesamtrufbildes einer Art trifft man nur bei den Vögeln an. Unendlich ist — im ganzen betrachtet — die Verschiedenartigkeit des Gesangs. Sowohl nach Tonhöhe und Klangfarbe, Tempo und Metrik als auch nach Melodik und Tonstärke usw. ist er ungeheuerlich verschieden. Ganz allgemein bewegen sich die Vogelstimmen in einer recht hohen Tonlage, die wir mit unserer Pfeifstimme kaum noch erreichen können (d'''' bis a''''). Aber bereits innerhalb eines einzigen Gesangs kann die Tonhöhe wesentlich fallen. Wenn die Goldhähnchenstimmen die allerhöchsten Vogelstimmen zu sein scheinen, gehört das Flöten des Pirols zu den mittleren oder tieferen Lagen, auch der Kuckucksruf ist ziemlich tief und ohne weiteres mit unserer tiefsten Pfeifstimme nachzuahmen. Die Töne in einem Gesang können rhythmisch wiederholt, zu Reihen, Ketten und Rollern, ja selbst zu Trillern und hohen Koloraturen perlend vereint werden, sie bilden regelrechte Strophen und zeigen kleine und große Intervalle. Die schönsten Gesänge aber (wie der Nachtigallenschlag) sind mit so einfachen Mitteln erreicht, daß wir fast nicht mehr wissen, ob es das anfeuernde Krescendo oder der bezaubernde Klangschmelz ist, der uns die einzelnen, an sich fast gleich hohen Töne so herrlich vorkommen läßt. Die gleiche Nachtigall aber kann ihre Motive wieder mit Geräuschen überladen, die unserem Ohr häßlich erscheinen, und niemals wird man vermuten, daß solch stimmloser Knarrlaut der Warnton einer Sängerkönigin ist.

Es ist selbstverständlich, daß eine solche Vielfalt der Stimme nur bei einer einigermaßen großartigen anatomisch-physiologischen Unterlage erreicht werden kann. In der Tat ist aber nun bei fast jedem Vogel der Stimmapparat in Kleinigkeiten anders gebaut, so daß wir hier unmöglich Genaueres anführen können. Allgemeingültig ist hingegen, daß bei den Vögeln nicht der obere Kehlkopf (Larynx) der Tonerzeugung dient, sondern die Syrinx, ein Stimmapparat, der an der Stelle sitzt, wo sich die Luftröhre in die beiden Bronchien aufteilt (Abb. 5). An der Wurzel jedes Bronchus liegt wandständig eine feinhäutige Membran ausgespannt (bei manchen Vögeln sind es auch zwei gegenüberliegende Membranen), die Paukenmembran, die also nicht wie ein Stimmband nach innen vorspringt. Dieser Membran ist ein Luftsack angelagert, welcher

25

sie schwingungsfähig macht. Die Spannung der Paukenmembran wird durch Muskeln geregelt, die in verschiedener
Zahl (bei den Singvögeln nie weniger als sieben Paar) an
der Syrinx ansitzen. Akustisch stellt der ganze Stimmapparat

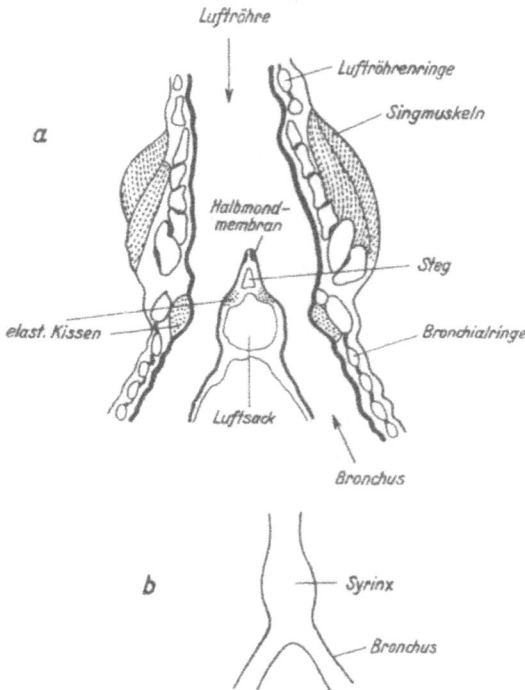

Luftröhre

Luftröhrenringe

Singmuskeln

a

Halbmond-
membran

Steg

elast. Kissen

Bronchialringe

Luftsack

Bronchus

b

Syrinx

Bronchus

Abb. 5.
Der untere Kehlkopf
(Syrinx) eines Sing-
vogels. Schematischer
Längsschnitt in Stirn-
richtung (a). b zeigt
die Lage der Syrinx
an der Abzweigungs-
stelle der Bronchien
(aus Scharrer, ver-
ändert).

der Vögel eine Zungenpfeife dar, indem der Luftsack mit dem
Blasbalg, die Bronchien mit dem Windrohr, die Membran mit
der Zunge, die Luftröhre mit dem Ansatzrohr und die Mundhöhle mit dessen erweitertem Ende zu vergleichen wäre. Das
Ansatzrohr der Zungenpfeife, also in diesem Fall die Luftröhre
mit der Mundhöhle, dient als Resonanzvorrichtung (s. auch
weiter unten) und gibt dem Ton die verschiedene Klangfarbe,

26

indem es den Grundton, deſſen Höhe im allgemeinen vom Spannungsrad der ſchwingenden Zungen abhängig iſt und von den ſchwingenden Membranen der Doppelzunge erzeugt worden iſt, in Obertöne zerlegt. Unter dieſen werden nun diejenigen verſtärkt, welche den Eigenſchwingungen des reſonierenden Syſtems entſprechen. Die Höhe des zum Widerhall gebrachten Tones iſt aus phyſikaliſchen Gründen von der abſoluten Länge des Anſaҭrohres abhängig: je länger dieſes iſt, deſto tiefer iſt der erzeugte Ton. Natürlich iſt neben der Länge auch noch die Weite des Anſaҭrohres für die Klangfarbe maßgebend; in weiten Röhren ſprechen z. B. Grundton und tiefere Obertöne an, während die hohen ausfallen. Der Klang in einer weiten Röhre iſt dumpf, in einer engen leer, aber ſcharf. Volle Töne können ſich in einer ſich allmählich erweiternden Röhre (Poſaune!) bilden. Da nun der ganze Stimmapparat beweglich iſt, kann der Vogel beliebig die Tonhöhe verändern, und zwar durch geſteigerte Spannung der Membran und durch Verkürzung oder Verlängerung der Luftröhre. Durch Muskelzug kann nämlich der Vogel die einzelnen Luftröhren-Knorpelringe enger aneinanderfügen und ſo die Geſamtlänge des Anſaҭrohres verkürzen, wodurch aber ein höherer Ton erzielt werden kann. Weiterhin kann der Vogel die Tonhöhe ſicher auch dadurch variieren, daß er den Luftdruck in den Bronchien erhöht. Da, wie wir ſagten, für die Tiefe des Tones die abſolute Länge des Anſaҭrohres maßgebend iſt und andererſeits der Hals eben doch nicht nur der Stimmerzeugung zuliebe ins Unglaubliche anwachſen kann, hat die Natur bei vielen (ſchmetternden und trompetenden) Arten einen Ausweg gefunden, daß ſie die Luftröhre in Windungen legte und dadurch ihre abſolute Länge vergrößerte. An der Luftröhre finden ſich vielfach beſondere Bildungen — plöҭliche Erweiterungen —, die bei Enten und Gänſen zur Erzeugung ganz beſtimmter (Balz-)Rufe wichtig ſind und nur dem männlichen Geſchlecht zukommen. Hier ſei bemerkt, daß die komplizierte Syrinx der Singvögel mit dem Singmuskelapparat bei beiden Geſchlechtern gleich ausgebildet iſt, obwohl doch meiſtens nur die Männchen ſingen. Im einen Fall gehört ein Stimmapparat alſo zu den ſekundären Geſchlechtsmerkmalen, im anderen iſt er eine Arteigenſchaft —

gleichgültig, ob er benutzt wird oder nicht. — Zu den schon genannten Resonanzapparaten der Luftröhre und des Luftsacks können sich noch weitere resonierende Luftbehälter gesellen. Manche Vögel (Strauß, Trappe usw.) können ihre Speiseröhre (unter Muskelabschluß zum Magen hin) gewaltig aufblasen und stellen dadurch übrigens auch häufig gewisse, auffallende Federpartien zur Schau. Weiterhin können Aussackungen der Luftröhre und Höhlen im Brustbeinkamm als Resonanzboden wirken, um nur einige Möglichkeiten zu nennen.

Ob nun Resonanzböden vorhanden sind oder nicht — immer handelt es sich bei den besprochenen Lauten jedoch um richtige Stimmen, vokalische Laute, wenn wir so sagen mögen. Es ist nun aber durchaus nicht nötig, daß eine Verständigung oder irgendein Ausdruck vokalisch zustande kommt, sondern sehr viele Vögel erzeugen ihre Laute instrumental. Dabei handelt es sich keineswegs um nebensächliche und zusätzliche Geräusche, sondern um Laute, die die Vokalstimme voll und ganz ersetzen können, ihr ebenbürtig an der Seite stehen. Hierher gehört z. B. das Trommeln der Spechte, das den Balzgesang anderer Vögel vielleicht ersetzt, zum mindesten aber eine ähnliche Bedeutung haben mag. Dazu bearbeitet der Specht mit seinem Schnabel einen (hohlen) Ast oder Stamm und läßt sich seinen Schnabel wie einen Trommelschlegel in Vibration versetzen. Es braucht aber nicht ein Baum zu sein, an dem der Specht seine Trommellust ausläßt, sondern ich habe schon beobachtet, wie Grün- und Zwergspecht an einem Dachrinnen-Abflußrohr herumtrommelten, was natürlich einen besonderen Klang ergab. Während nun die Spechte auch sonst noch über viele vokalische Laute verfügen, ist der Storch allein auf die „Instrumentalmusik" angewiesen. Er läßt die beiden Schnabelhälften aufeinanderklappen, was das bekannte Klappern erzeugt, das bereits die Jungen im Nest beherrschen und das eine Erregung verschiedener Art ausdrücken kann (Begrüßung, Verteidigung usw.). Auch Eulen klappen häufig die Schnabelscheiden aufeinander, besonders wenn ihnen etwas Bedrohliches in den Weg kommt. An schwülen Frühlingsabenden hört man aus dem Schilfmeer zuweilen ein seltsam pumpendes Geräusch, das vielleicht eine entfernte Ähnlichkeit mit dem kurzen Brüllen eines Ochsen hat. Der Urheber, die Große Rohrdommel,

28

bringt diefen Laut aber nicht vokalifch hervor, fondern fie ver-
fchluckt Luft, die fie dann rülpfend wieder hervorpreßt. Das
Anfaugen hört man auch, wenn man nahe genug am Vogel
fteht. — Aber auch das an fich biologifch unbedeutende Flug-
geräufch kann durch mehr oder weniger tiefgreifende Veränderungen der Flugfedern dazu ausgenutzt werden, die
vokalifche Stimme zu erfetzen. Das Kiebitzmännchen vermag
mit feinem keulenförmig verbreiterten Flügelende ein dumpfes
Geräufch hervorzubringen, das beim gaukelnden Paarungsflug
befondere Bedeutung hat, was man ja fchon daraus entnehmen
kann, daß allein das Männchen derartige „Wuchtelfchwingen"
befitzt. Viele Vögel haben befonders geftaltete Schallfchwingen,
deren Ende in ftarke, tönende Schwingungen verfetzt werden
kann. Beim Schellerpel dient diefes fo erzeugte Schellen, das
fo klingt, als wenn ein Stein über das Eis fchlippert, wohl der
Fühlungnahme und erfetzt fo einen Lockruf. Bekannt ift ferner,
daß die Bekaffine bei ihrem Balzfturzflug die befonders ge-
bauten Schwanzfedern fo in den von den Flügeln erzeugten
Luftftrom ftellt, daß fie ein geftoßenes Brummen (wie ein fehr
fchnelles „wuwuwuwuwuw . . .") hervorrufen. Ähnliches vermag auch die Sumpfohreule. Selbft das auffällige Flügel-
klatfchen der Ziegenmelker, Eulen und Tauben mag eine befondere Bedeutung haben und nicht bloßer Zufallslaut fein.

Die Inftrumentalmufik dient nun vielen Gliederfüßern,
befonders den Infekten, weitgehend allein zur Lauterzeugung. Bereits das Flügelbrummen, das an fich notwendige
Folge der ungeheuer rafchen Flügelfchläge ift (Fliegen fchlagen
z. B. etwa 200mal in der Sekunde mit dem Flügel, die tiefer
brummenden Hummeln weniger oft und die fein fummenden
Mücken noch fchneller), wird zur Tonerzeugung benutzt und dient
nicht felten wohl als Warn-, vielleicht auch als Erkennungslaut.
Sicher ift es aber auch, daß die Wolfsfpinne durch das Summen
ihrer Opfer auf diefe aufmerkfam wird. Das dem Imker wohl-
bekannte Tüten und Quaken der Königinbiene ift auch nichts
anderes als ein Schwirrton.

Typifche und biologifch fehr bedeutungsvolle Laute erzeugen
aber hauptfächlich die Heufchrecken, Grillen und Zikaden.
Hier fingen meift nur die Männchen, fo daß die Bedeutung des
Zirpens bzw. Trommelns auf dem Gebiet der Fortpflanzungs-

29

biologie zu suchen sein wird. Die oft weithin hörbaren Trommel-
wirbel der Singzikade entstehen durch von Muskelkraft erzeugte
Schwingungen einer Spannhaut, die sich paarig am ersten
Hinterleibring befindet. Die männlichen Laubheuschrecken
und Grillen zirpen dadurch, daß sie — gewissermaßen geigend —
die Vorderflügel aneinander reiben, und zwar so, daß der eine
Flügel, an dessen Unterseite eine Schrillkante ausgebildet ist,
über den anderen streicht, der auf seiner Oberseite eine scharfe
Schrilleiste aufweist. Die Höhe des Zirptons ist etwa c''', was
man übrigens auch rein rechnerisch nach der bekannten Bewe-
gungsgeschwindigkeit der streichenden Flügel feststellen kann.
Bei den Grasheuschrecken streicht die mit einer Zahnleiste
(Abb. 6) besetzte Innenseite des Hinterschenkels auf der Rand-

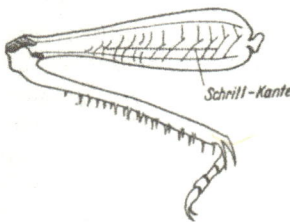

Abb. 6. Bein einer Heuschrecke mit der Schrillkante.

ader des Vorderflügels hin und her, wodurch diese zum Schwingen gebracht werden kann. Während hier also der aktive Teil
bezahnt und der passive glatt ist, liegen die Verhältnisse bei den
Schnarrheuschrecken umgekehrt. Im Gegensatz zum Grillenzirpen, das mehr glockenhaft und voll klingt, erscheint uns das
Geigen der Grashüpfer mehr wetzend und das der Schnarrheuschrecken geradezu knatternd. Die schönen Grillenstimmen
haben daher auch manche Völker verleitet, Grillen als „Ka-
narienvögel" in Käfigen zu halten. Noch heute feiert man vielleicht in Florenz am Himmelfahrtstag das Grillenfest, bei dem
der Bursche dem Mädchen eine gekäfigte Grille verehren muß.
— Grillen und Heuschrecken sind also Geiger. Ihre Zirp-
organe nennt man Stribulationsorgane. Sie arbeiten genau
nach dem Prinzip der Savartschen Zahnradsirene.
Neben der Gruppe der geigenden und trommelnden Geradflügler gibt es unter den Insekten aber noch mehr musizierende

30

Arten. Dazu gehört das Männchen einer Schwimmwanze (sog. Wasserläufer, Insekten, die über die Wasseroberfläche dahinlaufen können). Es bringt dadurch einen Zirpton zustande, daß es mit einer Zahnleiste der Innenfläche des Vorderfußes über die quergeriefte Oberfläche des vorletzten Schnabelgliedes reibt. Auch das Männchen des gefürchteten Nonnenspinners bedient sich der Geigenmusik, während das Flöten des Totenkopfschwärmers so entsteht, daß eine Falte des Schlundkopfes in Schwingung gerät, wenn Luft aus dem Hinterleib gepreßt wird. Reibgeräusche finden wir auch bei manchen Käfern, so z. B. beim Pappelbock, der durch Streichen des Halsschildes am Flügelvorderrand entlang ein merkwürdiges Zirpen ertönen lassen kann. Hier können beide Geschlechter zirpen. Der Spargelkäfer läßt einen Zirpton vernehmen, wenn er ergriffen wird. Neben dem Streichen sind Klopfgeräusche bei manchen Käfern (Totenuhr) und Holzläusen verbreitet. Hier schlägt das Weibchen mit dem Hinterleib auf die Unterlage, wodurch wahrscheinlich eine Verständigung möglich wird, die besonders zur Fortpflanzungszeit dem Männchen erlaubt, das Weibchen in dem Labyrinth der Holzgänge aufzufinden. Auch Roßameisen verständigen sich durch zitterndes Anschlagen des Hinterleibes auf den Boden, während Termiten das Klopfen wieder etwas anders hervorbringen. Eine ganz sonderbare Lauterzeugung besitzt eine kleine Käfergattung: sie knallt mittels einer Explosion! Der zur Abschreckung eines Feindes ausgeschleuderte Afterdrüsensaft der Bombardierkäfer explodiert nämlich an der Luft, wodurch ein nicht überhörbarer Knall entsteht.

Aber nicht nur im Insektenreich ist die Tonerzeugung eine gewöhnliche Erscheinung, sondern auch gewisse Krebse, Tausendfüßler und Spinnen lassen Laute ertönen. Einige Krabben reiben den Scherenfuß an der geperlten Unterseite des Kopfbruststückes und zirpen auf diese Weise. Spinnen reiben die Chelizeren und Kiefertaster aneinander usw.

Angesichts solcher vielleicht unerwartet guten Stimmausbildung bei den Gliederfüßern, insbesondere bei den Insekten, sollte man nun auch einen leistungsfähigen Gehörsinn erwarten. In der Tat kommen ja Grillenweibchen auf das Gezirp ihrer Männer herbei. Riechen oder Wahrnehmen von

Erschütterung kann hierbei keine Rolle spielen, denn Regen, ein hervorragender Untersucher des Grillenzirpens, ließ ein Männchen durch ein Telephon zirpen und konnte — im Neben-zimmer — beobachten, wie das Weibchen in die Hörmuschel hineinkriechen wollte, allemal, wenn das Männchen zirpte bzw. das Telephon angestellt war. Ferner zeigte es sich, daß Grillen aufeinander auch dann reagieren, wenn der zirpende Partner im Luftballon eine Reise unternimmt, so daß eine Übertragung durch Bodenerschütterung nicht in Frage kommt. Grillen können also Schallwellen wahrnehmen. Auch für andere Insekten hat die Beobachtung eine Hörfähigkeit er-geben, wenn auch nur vielfach eine sehr elektive. Gewisse Nacht-schmetterlinge lassen sich z. B. nur durch ganz bestimmte Quietschtöne aufscheuchen, die man mit einem Kork auf Glas erzeugen kann, nicht durch Geigentöne von derselben Höhe. Küchenschaben halten sofort in ihrem Lauf inne, wenn eine Geigensaite angestrichen wird usw. Über den Gehörsinn der Biene liegen widersprechende Angaben vor, wohl weil sie nur ganz wenig Töne, sicher das Tüten und Quaken der Königin, vernehmen, also starke biologische Auswahl treffen. — Nach mehreren Mißerfolgen hat man auch die Hörorgane der Insekten gefunden, die sich dem Betrachter fast niemals an der gleichen Stelle innerhalb verschiedener Gattungen bieten. Sie können an den Hinterleibsringen, an den Vorderflügeln (Schmetterlinge), an den Beinen und anderswo sein. Sie gleichen im Prinzip denen der Wirbeltiere, indem hier auch schwingende Membranen, Sinneszellen und Resonanzräume vorhanden sind, weichen aber im Einzelbau völlig ab und gehen eigene Wege, den Bedürfnissen der Tiere jeweils gut ent-sprechend. Unter einer dünnen, im starren Rahmen ausge-spannten Membran liegt eine Tracheenanschwellung, auf die eine große Zahl von schlanken, stiftkörpertragenden Sinnes-zellen aufgelagert ist. Man nennt diese Organe, die sich von den erschütterungsaufnehmenden Chordotonalapparaten ablei-ten lassen, Tympanalorgane, also Ringtrommeln (Abb. 7). Solche lassen sich bei Heuschrecken, Grillen, Zikaden, Eulen-faltern, Spinnern, Zünslern und anderen Insekten mit Sicher-heit nachweisen und werden mit Recht wenigstens für viele selbst tonerzeugende Insekten anzunehmen sein.

Alle diese Insekten mit einem „Trommelfell"-Hörorgan müssen wie der Mensch auf den Schalldruck reagieren, also gewissermaßen auf die angestauten Wellenschwingungen. Neben dem Schalldruck besitzt aber jede Schallwelle auch noch eine gewisse Geschwindigkeit, die man die Schallschnelle nennt. Es ist erst allerneuesten Untersuchungen (von Autrum) vorbehalten geblieben, einwandfrei nachzuweisen, daß gewisse Insekten, speziell eine Ameisengattung (Myrmica), nicht auf den Schalldruck, sondern auf die Schallschnelle ansprechen. Diese Ameise ist selbst den lautesten Geräuschen und Tönen gegenüber völlig taub, wenn von diesen nur der Schalldruck übermittelt wird, vermag aber die Schallschnelle stets zu erkennen. Und

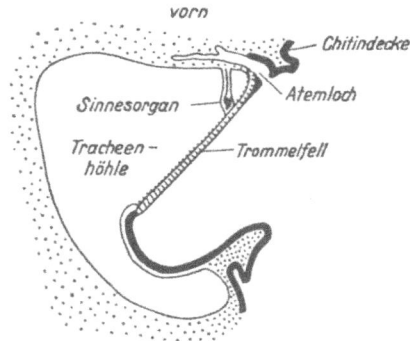

Abb. 7.
Waagerechter Längsschnitt durch das Gehörorgan (Tympanalorgan) einer Grasheuschrecke (nach Schwabe, verändert).

zwar sind für diese nicht Trommelfelle zuständig, sondern feine Härchen und sensible Borsten an den Fühlern und Extremitäten, die von der Schallschnelle gewissermaßen mitgenommen werden. Der genannte Forscher berichtet, daß diese Ameisen am zweiten Hinterleibsring ein Zirporgan besitzen, dessen Gebrauch jedoch keine Töne in die Luft abstrahlt, weil die abstrahlende Fläche und die Schwingungsbreite der Schallwellen viel zu klein sind. Wurden die Ameisen auf die Membran eines Kondensatormikrophons gesetzt, so konnte das Zirpen hörbar gemacht werden, und zwar dann, wenn wenigstens ein Ameisenbein auf der Membran stand. Diese Untersuchungen sind deshalb so wichtig, weil nun das angebliche Nichthörenkönnen bei manchen Insekten (Bienen usw.) dadurch erklärt werden kann, daß die Versuche bisher nur den Schalldruck, nicht aber die Schallschnelle (isoliert!) zum Gegenstand hatten. Es ist fast sicher, daß alle Gliederfüßler ohne Trommelfell in dieser Weise hören. So wird wohl auch der Fall zu erklären sein, daß gewisse Spinnen, denen man nur Erschütterungssinn zusprach (die also eine Fliege im Netz nicht am Brummen hören, sondern an den Bewegungen, die durchs Netz übertragen werden, nur tastend erkennen sollen), die Flucht ergreifen, wenn sich ein großes Insekt durch sein Brummen anmeldet, ohne daß dieses aber bereits das Netz erschüttert hätte. Gerade, wenn die Tiere ohne Berührung mit dem Boden sind, stehen dem „Schallschnelligkeitshören" keine Widerstände entgegen. Und so mag es auch stimmen, wenn behauptet wird, daß sich gewisse Mücken zur Schwarmbildung am Flugton erkennen, Tiere also, denen man noch kein Trommelfell nachweisen konnte und somit die Schallwahrnehmung absprach. Zweifellos kommen bei vielen Insekten beide Hörorgane vor. Wenn die feinhörigen Grillen (s. o.) nach Beschneidung der Fühler nicht mehr durch Zirpen angelockt werden können, scheint das für ein Wahrnehmen der Schallschnelle zu sprechen. Vielleicht ist das Empfangsorgan für Schalldruck (Tympanalorgan) für andere Geräusche „zuständig". Auf jeden Fall aber lehrt diese neue Arbeit wieder, mit den Schlußfolgerungen außerordentlich vorsichtig zu sein; denn niemals können wir wissen, wie mannigfaltig die Wege sind, die in der Welt der Sinne an ihr Ziel führen.

34

2. Die biologische Deutung der Tierlaute.

Weil der Mensch sich selbst im Bewußtsein seines eigenen Ich über das Tierreich erhebt und sich somit von der All-Einheit des Lebens entfernt, sich gewissermaßen einen Standpunkt als Außenseiter erobert hat, sucht er auf irgendeine Weise wieder in die Urgründe der Natur zurückzufinden. Und zwar kann er die tiefen wesenhaften Zusammenhänge nunmehr nicht mehr mit der Seele wiedererleben, sondern er muß versuchen, mit Hilfe des Verstandes (absichtlich der Sphäre des Erlebens entrückt) eine sog. objektive Einstellung zu den Dingen um ihn zu gewinnen, sie also zu „begreifen". Wie sehr freilich der Mensch in seiner Geisteswelt den eigenen Sinnen unterworfen ist und wie schwer es ihm fallen muß, ein wahrhaft absolut objektives Urteil zu fällen, deuteten wir bereits in der Einleitung an.

Anstatt bewußt ihren beschränkten Bereich des Begreifens anzuerkennen, anstatt zuzugeben, daß nur die mehr oder weniger begreifbaren und errechenbaren Äußerungen der Tiere in tiergemäßer Deutung erfaßt werden können, glaubt die Wissenschaft erklären zu können und macht sich anheischig, auch die Seele der Tiere mit ihren Mitteln betrachten zu dürfen. Die Seele aber wird sich niemals mit rationalen Methoden begreifen lassen, weil sie sich eben tatsächlich nicht be-greifen läßt. Die Seele läßt sich nur erleben. Was die sog. Tierpsychologie, die Tierseelenkunde, in Wirklichkeit tut, ist, daß sie das Verhalten der Tiere, allerhöchstens die Äußerungen der Seele prüft und zu erklären, zu deuten versucht; die Seele selbst aber muß ihr verborgen bleiben. So sind denn auch tatsächlich die psychologischen Untersuchungsmethoden keine anderen als die der Sinnesphysiologen und experimentierenden Ökologen. Das alles muß man wissen, wenn man von psychologischer Deutung der Tierstimme, der Vogelsprache und Lauterzeugung sonst redet. So kommt es nun aber auch, daß die Tierseelenkunde in der Tat vielfach — gerade bei niederen Tieren — den eigentlichen Gegenstand ihrer Suche vermißt: die Seele! Was wäre das aber für eine merkwürdige Wissenschaft, die nur für einsichtige Tiere Geltung hätte und nicht die Wesen verstehen könnte, die in sog. Instinkten (ein unglaublich vermanschter Begriff) ihre eigenen wenig schöpferischen, um so mehr von der Natur direkt geformten Seelenäußerungen in erstaunlicher Vernünftigkeit zeigten? Die Tierseelenkunde bemerkt oft nicht, daß die Tierseele sich niemals direkt aus der Menschenseele begreifen lassen wird. Sie sieht nicht, daß Reflexe und Reflexketten, die mehr oder weniger ohne den lenkenden „Willen" des Tieres ablaufen müssen, eine geistig-seelische „Struktur" haben, die der vernünftigen Weltordnung in und außer uns gleicht, folglich vom selben Urgrund stammen muß. Ob Geist und Seele sich „spielerisch" frei im menschlichen Verhalten offenbaren oder ob sie straff gebunden das tierische Verhalten diktieren, ist eine Frage des Grades der Naturgebundenheit und Selbständigkeit lebender Wesen, aber nicht eine Frage der vorhandenen oder nicht vorhandenen Seele. Seele ist überall vorhanden, Seele ist das schöpferische Prinzip im Weltall, und nur ihre Zustandsäußerung kann schlaf-, traumhaft oder wachend benannt werden. So kann die heute großenteils geübte Tierpsychologie entweder als auf die Tiere übertragene Menschenseelenkunde gelten oder nichts anderes sein als Verhaltensforschung. Dennoch — und das ist ungefähr das Verwirrendste — hat sie ihre Begriffe aus der menschlichen Seelenkunde übernommen und wendet sie bedenkenlos auf dem Gebiet der Verhaltensforschung an, die sie eben für Psychologie hält! So spricht man von Zweck, Wille und Absicht, Überlegung usw. und hat allmählich aus praktischen Gründen versäumt, die Anführungszeichen an diese Begriffe zu setzen, was natürlich die Sachlage noch weiter verwischt. Aber wir müssen andererseits offen zugeben, daß es vielfach für das Verhalten der Tiere, welches eben weitgehend nur mittelbar mit den seelischen Äußerungen der Menschen zu vergleichen ist, einfach nicht die nötigen, exakten Ausdrücke gibt. Wir fühlen ganz genau, daß wir eine Unrichtigkeit begehen, wenn wir sagen: der Vogel ruft in der Absicht, seine Genossen

36

zu warnen, denn wir kennen seine Seele nicht und wissen nicht, ob diese Absicht eine wirkliche Absicht wie beim Menschen ist. Anführungszeichen vor dem Wort Absicht würden hier zeigen, daß wir zwar nicht wissen, ob Absicht bewußt angewandt wird, daß wir aber letzten Endes eine sinnvolle, zielgerichtete Handlung erkennen. Und gerade auf das Sinnvolle im Ganzen gesehen kommt es auch bei rein biologischer Betrachtung an. Eine Absicht ist vorhanden, aber nicht notwendig die einer Vogelseele, sondern sicherlich nur die einer höheren, vernünftig waltenden „Naturseele", eines höheren, bereits im Körperlichen manifestierten Planes. So wollen wir nun auch in unseren Deutungsversuchen, die in diesem Kapitel ganz biologisch sein wollen, Begriffe wie Absicht, Warnung, Locken usw. verstehen als im Ganzen, im biologischen, ganzheitlichen Sinn sich erfüllende Absicht, Warnung usw. Wenn ein Häher rätscht, warnt er seine Kumpane. Ob er absichtlich warnt, kann bezweifelt werden (wir kennen die Häherseele nicht), daß aber das Rätschen in bestimmten, exakt untersuchten Einzelfällen die gleiche Wirkung gehabt hat, als hätte der Vogel absichtlich gewarnt (so wie wir es tun würden), kann bewiesen oder abgestritten werden. Hier liegt der Kernpunkt der Frage: hat diese Äußerung einen biologischen Sinn und welchen?

Somit ist die Aufgabe des folgenden Kapitels klar: Wir gehen an die tierische Tonerzeugung unvoreingenommen heran, beobachten die Tiere in ihrer Umwelt, wechseln gegebenenfalls naturentsprechend Umweltsfaktoren aus, um klare Einsichten in den biologischen, übergeordneten Sinn der Lautäußerungen zu bekommen. Wir können nur das Gegebene ablesen und versuchen, den Buchstaben in seiner Stellung zum ganzen Wort richtig zu erkennen, nicht aber machen wir uns anheischig, den Schreiber dieses Wortes erkennen zu wollen!

Die Tierstimme als Geste und Verständigungsmittel.

Wenn mir einer eine Geschichte erzählt, die ich für abgetan halte, winke ich ab. Diese Geste „spricht" so, daß mein Mitmensch mich „versteht", auch wenn ich nicht ausdrücklich die Worte sage: „Laß mich damit in Ruhe" oder ähnlich. Man kann aber sehr wohl Geste und Sprache miteinander verbinden, und je heftiger ein Redner z. B. wird, desto mehr gestikuliert er. Analog kann auch der Hund (wenigstens von uns) verstanden werden, wenn er mit dem Schwanz wedelt, ohne daß er dazu kläfft. Gesten und Laute können sich gegenseitig ersetzen, sie können aber auch gemeinsam nur um so stärker wirken und eine Verständigung sozusagen noch sicherer stellen, als wenn bloß gestikuliert oder bloß gesprochen wird. Von diesen Verständigungsgesten, seien sie nun tönend oder stumm, unterscheiden sich deutlich die Interjektionen, obwohl auch sie gestischen Charakter tragen. Oh, pfui, au! sind Ausrufe, die ebenfalls durch Gebärden ersetzt werden können. Ihr Unterschied zu den vorhin genannten Gesten aber liegt darin, daß sie nicht im Sinne einer Antwort auf eine Frage zu verstehen, sondern ganz unmittelbare Reaktion auf einen inneren oder äußeren (bzw. beides) Reiz sind. Wird ein Mensch gezwickt, so ruft er ganz zwangsläufig und reflexmäßig „au!", hat damit aber durchaus nicht die bewußte Absicht, der Mitwelt kundzutun, daß ihm das Zwicken weh getan hat. Eine unmittelbare Reaktion auf äußere oder innere Reize stellt auch die spontane Bewegung des plötzlichen Mundaufsperrens oder Hand-vor-den-Kopf-Schlagens dar, die nicht von einem Laut begleitet wird. Trotzdem stehen auch diese Interjektionsrufe und Gesten im Dienste der Verständigung, wenn auch ungewollt und mittelbar. Mich kann das „Au!" meines Vordermannes ebenso zur Vorsicht mahnen, wie das von ihm absichtlich gerufene „Vorsicht!" Inwiefern verstehe ich aber dieses „Au"? Da gibt es zwei Möglichkeiten: einmal ist mir dieser Ruf genau wie meinem Mitmenschen angeboren und so von vornherein verständlich, genau wie mir andere Reaktionen (Jucken, Lachen) angeboren sind, die ich auch beim Mitmenschen, und sei er ein Malaie, verstehe, ohne große Überlegungen anstellen zu müssen. Zum anderen kann ich das „Au" von vornherein nie gekannt haben, bis ich durch Beobachtung immer wieder feststellte, daß ein Mensch, der sich weh tut, „au" schreit. Ich verbinde nun das „Au!" mit der Vorstellung des Wehtuns an sich und speziell mit der Vorstellung des eigenen Wehs und verstehe so den aufschreienden Mitmenschen ebensogut wie vorhin, auch ohne Denkarbeit. Reaktion und Reiz sind mir zu einer untrennbaren Gedankenverknüpfung (Assoziation) geworden. Wenn wir

38

speziell für die Interjektion „au!" auch die erste Erklärung annehmen, so könnte man sich die zweite für folgendes denken: Ein mir völlig fremder Mensch sagt zu einem bestimmten Gegenstand, z. B. zu dem, den ich mit „Ei" bezeichne, stets „egg". So kann ich mir, auch ohne Englisch gelernt zu haben, die Assoziation bilden: Anblick des Eies, Äußerung des Wortes „egg". Ich verstehe so auch ohne Gedankenarbeit den Engländer, den ich viel beobachte.

Durch diese wenigen Beispiele erhellt schon, auf wie verschiedener Grundlage ein Verstehen möglich ist, und wir erkennen, daß zu diesem Verstehen keine bewußte Denkarbeit nötig zu sein braucht, ebensowenig wie zu gewissen angeborenen Gesten, Interjektionen und Gebärdenlauten.

Schwer ist es nur, im Einzelfall für einen tierischen Laut immer die richtige Erklärung zu finden, aber wir werden niemals sagen können, daß tierische Laute Interjektionen ohne eine Verständigungsabsicht oder auch Gesten mit dem Sinn einer Verständigungsabsicht sein müssen, sondern wir werden die verschiedenen aufgezeigten Möglichkeiten finden können. „Unadressierte" Interjektionen haben wir jedenfalls in den Angst- und Schreckrufen vieler Vögel vor uns. Eine Amsel zetert ganz bezeichnend, wenn sie von einer Katze gepackt wird, der Hase, der sonst ganz stumm ist, schreit in Todesangst. Manches Hundebellen ist unmittelbare, interjektionsartige Äußerung auf einen bestimmten Reiz, so z. B. wenn ich dem Hund eine Wurst zeige und er auf deren Anblick oder Geruch hin, wie es uns scheint „freudig", bellt. Diese Laute brauchen durchaus keine verstandesmäßige Grundlage zu haben. Ein großhirnloser Frosch quakt, wenn man ihm über den Rücken streicht, es ist für ihn der (allerdings im Geschlechtsleben verankerte) Reiz des Rückenberührens mit der angeborenen Lautgeste des Quakens ohne weiteres verbunden. Schalten wir aber die nicht zum Bewußtsein gelangenden, rein reflexmäßig arbeitenden Nervenbahnen und Assoziationsgebiete (im Nachhirn z. B.) aus, so reagiert der Frosch nicht mehr. Viele Tiere besitzen Schrecklaute, die sie beim Ergriffenwerden hören lassen, dazu gehören schon die Insekten. Nun können alle diese unadressierten Laute mittelbar den Charakter sinnvoll beabsichtigter und adressierter Rufe bekommen, wenn der Angreifer z. B. durch die Schrecklaute wirklich erschrickt und die Beute fallen läßt, wodurch aber ein Leben gerettet wird — d. h. wo der biologische Sinn in Erscheinung tritt. Wenn eine Amsel beim Anblick einer Katze zu zetern anfängt, so braucht dieser „Warnton" durchaus nicht in der Absicht geäußert zu sein, die Kumpane zu warnen, sondern er kann den Charakter einer reinen Interjektion besitzen, die die anderen Vögel auf den zwei vorhin angeführten möglichen Wegen verstehen können; entweder: sie besitzen angeborenerweise den gleichen Laut für die gleiche Reizreaktion oder sie haben sich durch individuelle Erfahrung eine Assoziation zwischen Zetern und Katzengefahr gebildet. Beide Möglichkeiten sind sicherlich verwirklicht, und zwar die erstere dann, wenn sich artgleiche Vögel „warnen", die letztere dann, wenn artungleiche, vielleicht ganz fernstehende Tiere durch den Laut gewarnt werden. Bekanntlich reagieren auf das Rätschen des Eichelhähers nicht nur die anderen Eichelhäher, die im gegebenen Fall den ihnen nachweislich angeborenen Rätschton hervorbringen würden und ihn also so a priori verstehen. Wenn dagegen ein Reh, das nun über ganz andere Laute verfügt und eine völlig andere Lebensweise führt, ein ganz anders eingestelltes Triebleben besitzt als ein Eichelhäher, durch den Holzschreier gewarnt wird, m. a. W. also den Eichelhäher versteht, so handelt es sich hierbei jedenfalls um eine Assoziation, die zwar individuell erworben werden muß, die sich aber im Lauf des Lebens wohl alle Rehe aneignen. Es ist festgestellt worden, daß Kühe auf Warnlaute verschiedener Vögel reagieren und daß durchaus nicht nur verwandte Tiere (auch „sprachverwandte") sich verstehen. Die Natur versteht sich dann, wenn es sich um eine biologische Notwendigkeit handelt, so vor allem, wenn Tiere eines einheitlichen Lebensraumes, dessen Lebensgemeinschaft den gleichen Gefahren ausgesetzt ist, sich durch solches Verstehen gegenseitig nützen können. Ein Verstehen des Warnrufes erscheint natürlich dann sicher, wenn die Warntöne der sich warnenden Arten Ähnlichkeit haben. Drosseln haben z. B. trotz ganz verschiedener Gesänge sehr ähnliche Warntöne. — Es ist nun denkbar, daß sich viele ganz unverwandte Tiere auch ohne eine assoziative Grundlage verstehen. Wenigstens die biologisch für sie wichtigeren Laute werden vielleicht ein sozusagen angeborenes Verständnis finden. Hierfür fehlen uns aber exakte biologische Beweise. Sicher ist dagegen, daß beim Menschen von einer solchen natürlichen Verständigungsmöglichkeit mit den Tieren nicht die Rede sein kann. Er versteht die Tiersprache einmal deshalb nicht mehr, weil er nicht in der Natur lebt und sich keine biologisch wichtigen Assoziationen bilden kann. Vielleicht sind Naturvölker hierzu noch befähigt, besonders solche, für die der Umgang mit Tieren (Jagd!) lebenswichtig ist. Zum anderen fehlen dem Menschen Interjektionen und andere Gesten, die denen der Tiere ohne weiteres gleichgesetzt werden können. Vor allem haben die Tiere, die mit dem menschlichen Körperbau nicht mehr viel gemeinsam haben, auch sicher ganz andere Gesten, als sie der Mensch besitzt. Freude bezeugt der Hund eben mit Schwanzwedeln ,der Mensch muß seine Freude schon wegen seines ganz anderen Körperbaues anders ausdrücken. Bei den Menschenaffen, deren Gesten wir leichter — ohne weiteres — verstehen, ist es etwas anderes. Auch ihre Ruflaute könnten wir m. E. eher noch verstehen, d. h. ohne Denkarbeit und Experimentieren verstandesmäßig uns erschließen, sie von „innen“ her, auf seelischer Grundlage gewissermaßen, richtig erkennen und — erleben! Es ist zwar wissenschaftliche Forschungsarbeit gewesen, die beim Schimpansen festgestellt hat, daß Freude mit einem „o“, Warnung mit kurzen „äää“-Lauten, Trauer mit „uuuh“ ausgedrückt wird, aber ich habe mich selbst an zoologisch vollkommen „unbelasteten“ Menschen davon überzeugt, daß sie gewisse Schimpansenlaute ohne weiteres richtig zu deuten wußten, ohne auch nur irgendeine Denkarbeit zu leisten. Und in der Tat ähneln die Vokale, die bei den genannten Rufen vorkommen, auch denen, die wir bei gleichen Anlässen in unsere Interjektionen bauen[1]. Daß im übrigen die Schwierigkeit groß ist, tierische Interjektionen zu verstehen, leuchtet ja schon deshalb ein, weil bereits manche Äußerungen unserer eigenen Art, z. B. bei fremden Völkern und Rassen, nicht richtig verstanden werden können. Hierbei müssen wir noch erwähnen, daß es sich bei diesen Interjektionen nicht eigentlich um eine Sprache handelt,

---

[1] Nach Klaatsch, Das Werden der Menschheit — Stuttgart 1935, gleichen die kurzen u-Laute des erregten Schimpansen ganz denen der bei ihren nächtlichen Tanzfesten erregten Australier, die ja in vieler Hinsicht noch sehr primitiv sind.

denn diese ist immer rassisch und landschaftlich angepaßt und demnach verschieden. Wenn wir schon von einer Sprache reden, so wäre es hier eine Gebärdensprache. Wichtig ist hierbei, daß Gebärden und Gestenrufe eben angeboren sind, während die Sprache in ihren Einzelheiten erlernt werden muß — wie übrigens auch der Vogelgesang, auf den wir später zu sprechen kommen werden.

Lassen sich nun zweifellos viele Rufe, besonders die sog. Warn- und Angstlaute als Interjektionen erklären, so gibt es doch noch eine Menge Laute, die wir nicht ohne weiteres als solche bezeichnen können. Hierher gehören alle die Rufe, die sozusagen in die Zukunft weisen. Das Betteln der Jungvögel freilich kann als direkter Ausdruck eines physiologischen Hungerzustandes angesehen und in gewissem Sinne eine Interjektion auf innere Reize genannt werden[1]) (Nestrufe, die bekanntlich später verlorengehen, ähneln sich innerhalb der Vögel sehr); wie steht es jedoch mit den sog. Lockrufen vieler Vögel? Dazu rechnen wir z. B. das „Fiehd-tack-tack" des Rotschwänzchens, das „Pink" des Finken, das „Sidä" der Nonnenmeise, vielleicht auch das „Kick" des Buntspechts und das „„Düdüdü" des Rotschenkels. Dazu müssen wir freilich erst einmal klarstellen, ob es sich bei diesen als Lockruf bezeichneten Lauten wirklich um Rufe handelt, die den beabsichtigten oder unbeabsichtigten, aber biologischen Sinn des Anlockens haben[2]).

Leider fehlen uns hier vollkommen exakte Nachweise, so daß wir mit einem gewissen Recht ebenso behaupten können, daß diese Rufe gar nicht dem Locken dienen, sondern vielleicht ein Artsignal sind, das soviel bedeutet wie: „Das bin ich", d. h. das ist meine Art. Diese unsere Auffassung wird dadurch gestützt, daß diese Lockrufe in der Tat bei den meisten Vögeln recht erheblich verschieden sind und sich untereinander längst nicht so ähneln wie Nest-, Warn- und Angstlaute. Selbst nah verwandte Vögel haben nicht dieselben, wenn auch ähnliche, Daseinsrufe. Wesentlich für unsere Auffassung ist weiterhin, daß diese Laute angeboren sind und also eine Arteigenschaft darstellen, wie etwa die Schnabelform. Freilich gibt es hier wie dort eine gewisse Variabilität, aber die erbliche Mittellage

---

[1]) S. auch nächstes Kapitel.
[2]) Von geschlechtsgebundenen Lockrufen später.

42

ist immer zu erkennen. Diese Lockrufe werden nun nicht dauernd, sondern nur bei bestimmten Gelegenheiten geäußert, und zwar meist dann, wenn mehrere Vögel zusammen sind, worauf auch gerade die einseitige Deutung als Lockruf beruht. Die sehr beweglichen Vögel (beweglich im Gegensatz zu den erdgebundenen Tieren, die auch nicht derartige Rufe besitzen) müssen aber immer wieder auch außerhalb des Geschlechtslebens (Lockrufe innerhalb des Geschlechtslebens kennen wir ja von allen lautbegabten Tieren) ihre Anwesenheit kundtun, gleich als ob sie ein auffälliges Gewand zeigen müßten. Diese Rufe sind sicherlich Erkennungsmarken, wie wir ja auch optische Erkennungsmarken bei den Vögeln kennen (Kopfzeichnung, die bei nah verwandten Arten ähnlich ist, Physiognomie usw.). Sie fördern den Anschluß, warnen den Feind auch unter Umständen oder locken ihn, je nachdem. Es ist nun freilich notwendig, daß derartige, oft als ausgesprochene Stimmfühlungslaute ausgebildete Rufe auch verstanden werden. Daß dies der Fall ist, werden wir gleich zeigen, aber wichtiger ist fast noch die Frage, wer sie nicht versteht oder verstehen soll. Vielleicht gilt der Ruf, wenn er, nicht geschlechtsgebunden z. B. nur dem Weibchen gilt, den Artgenossen und den anderen Vögeln oder gar auch den ungefiederten Mitbewohnern, wie irgendeine Feder- oder Körperform? Wir müssen hier leider unsere Unkenntnis zugeben. Lorenz, der sich in einer sehr sympathischen Art und Weise (zum Teil bewußt nach Uexküllscher Methode) mit den Vogelstimmen und überhaupt mit der Ethologie der Vögel beschäftigt hat, gibt uns einige sehr nette Beispiele, die zwar nicht direkt zur Beantwortung unserer Frage beitragen, aber dafür diese noch weiter ausbauen helfen. Die Dohle ruft gewöhnlich, wenn sie mit ihren Artgenossen um den Turm herumfliegt, ihr „ack, ack, kjao", das wir vielleicht als Stimmfühlungslaut bezeichnen können. Gedämpfter klingt der Laut, wenn das Männchen sein Weibchen lockt oder ihm sonst irgendetwas „zu sagen hat". Ein gezogenes klagvolles „kiu" bedeutet nach Lorenz soviel wie: „Komm nach Haus" und ein „jüp-jüp" stellt einen Hilferuf dar, auf den hin alle Siedlungsgenossen zusammengeeilt kommen, um den Ruhestörer zu vertreiben. Interessant ist nun, daß die Dohlen (wie die Enten übrigens auch) ihren Geschlechtspartner individuell am Ruf erkennen, interessant ist weiterhin, daß in den vorhin erwähnten „Komm-nach-Haus"-Rufen doch zweifellos eine in die Zukunft weisende Tendenz ruht. Während das Hilfeschreien sehr wohl einfache Interjektion sein kann, die die Artgenossen in der geschilderten Weise verstehen, so ist der „Heimkommbefehl" doch wohl nicht auf einen äußeren Anlaß hin allein zu gründen, sondern es handelt sich hier vielmehr um eine „Stimmung" (s. nächstes Kapitel), also einen „inneren", vielleicht auch physiologisch faßbaren Zustand, der ausgedrückt wird und beim anderen Vogel Verständnis findet. Was nun eigentlich das assoziative Moment sein könnte, das das Heimkommen beim Ertönen des „jüp..." mit auslöst, ist mir nicht bekannt. Ob der Ruf als solcher verstanden wird? Hier wissen wir viel weniger als bei den Glucklauten der Henne z. B., mit denen die Kinderschar zusammengehalten und herbeigeholt wird, wo vielleicht die Assoziation mit der von der Glucke erschlossenen Nahrungsquelle eine Rolle spielen könnte. Ebenso rätselhaft erscheinen immer noch die Fälle, wo das eine Individuum anders lockt als das andere, mit dem es sich „unterhält". Ziemlich ausgeschlossen sein dürfte eine Denkarbeit, besonders bei den Jungvögeln, die auf die elterlichen Rufe hin die Schnäbel sperren u. dgl., aber auch dort, wo sich die Dohlen gegenseitig verständigen über Nachhausekommen usw. Erfahrung und Assoziation reichen anscheinend nicht zur Erklärung aus — möglicherweise liegt der Grund viel tiefer: Vielleicht vermögen die Vögel, die sich unter sich in ihrer natürlichen Welt viel näherstehen, als wir Menschen es untereinander tun, sich nämlich von vornherein zu verstehen, auch wenn es sich um Laute handelt, die nicht den eigenen Interjektionen gleichen? Gerade bei gesellig lebenden Arten finden wir eine vielfältig ausgeprägte Lautbildung. Die Tiere stimmen gegenseitig in ihre Äußerungen ein, aber nicht nur, wenn ein „Vorsänger gesprochen" hat wie bei manchen Säugern, den Fröschen und Grillen unter gewissen Umständen (s. u.), sondern sie stimmen nahezu gleichzeitig ein, selbst wenn der äußere auslösende Reiz nicht von allen wahrgenommen worden ist. In das Hilfeschreien der Dohle mischen sich ja auch diejenigen Individuen ein, die gar nicht „wissen", warum hier um Hilfe geschrien wird. In das Schimpfen der Amsel, die eine Katze

44

entdeckt hat, stimmen andere Amseln, ja andere Vogelarten ohne weiteres ein, selbst wenn diese der Reiz gar nicht direkt erregt, sondern wenn sie nur mittelbar von ihm getroffen werden. Auch Hunde und Wölfe stimmen in das Bellen oder Heulen ihrer Gefährten ein, auch wenn sie selbst gar nicht zum Bellen veranlaßt werden. Es handelt sich hier um ein ausgeprägtes Gemeinschaftsgefühl, das vielleicht allenthalben die erste Grundlage der Verbandsbildung im Tierreich ist und das sich bis zu den höchsten Formen hin trotz deren Freiheit erhält. Dem Menschen ist dieser naturhafte Seelenzustand der Gemeinschaft, selbst wenn dieser sich nur im Triebleben äußert, anscheinend weitgehend abhanden gekommen, und von einer Gemeinschaft mit dem Tierreich kann schon gar nicht gesprochen werden. Bei ihm ersetzt Vernunft, ja selbst Verstand, hin und wieder den Gemeinschaftssinn. Ein Trupp Soldaten kann nur dann wirklich gemeinschaftlich exerzieren, wenn einer das Kommando gibt; wer gibt aber bei den Staren, die mit einer bewunderungswürdigen Präzision schwenken, wogen und vorwärtsfliegen, den Befehl? Wird die Gemeinschaftsbewegung auch nur von einem einzigen Eigenbrötler unterbrochen, so käme das dem ganzen Schwarm teuer zu stehen. Wie leicht könnten sich die eng fliegenden Stare und Strandläufer „anrempeln", wenn nicht in allen Gliedern des Schwarmes der gleiche „Wille" herrschte! Der Schwarm reagiert wie ein Tier mit einem Nervenzentrum. Oft sehen wir aber wirklich keinen ersichtlichen äußeren Anlaß dazu, warum nun der einfallende Schwarm eine kleine Wendung gerade in jenem Sekundenbruchteil ausführen muß — wo sitzt dieser einheitliche Wille? Trotz einer zweifellos bestehenden Individualität im Tierreich möchte man an eine Art „Gruppenwillen" denken, der den einheitlichen Antrieb zu solchen „Trieb"handlungen gibt, für die wir nicht einfach gleiche Reize und gleiche Reaktion durch gleiche Nervensysteme annehmen können. Reagieren und Erleben scheint uns eins zu sein; denn dieser Gruppenwillen hat seelische Struktur. Der Turmbau zu Babylon hat sich nur im Menschenreich ausgewirkt, nicht aber im Tierreich, wo alles in gemeinsamem Wollen strebt und lebt, das unmittelbarer Ausdruck einer „höheren Seele" ist, die sich überall im vernünftigen, ganzheitlichen Streben offenbart.

Die Tierstimme als Ausdruck eines Gefühles oder einer Stimmung.

Nicht immer können wir, wie gesagt, äußere Anlässe erkennen, die eine gewisse stimmliche Reaktion zur Folge haben. Es kann auch ein innerer Anlaß vorliegen. Mit diesen inneren Anlässen hat es aber eine eigenartige Bewandtnis; denn wer erkühnt sich, das „Innen" einmal zu definieren und nicht nur als Gegensatz zu „Außen" zu gebrauchen? Wenn sich bei den sinnesphysiologischen Untersuchungen an Urtieren z. B. eben ein Verhalten zeigte, das nicht ganz das einer Reflexmaschine war, so sprach man kurzerhand von „Stimmungen", die die Reaktion beeinflussen können. Eine Seele wollte man nun aber sicher den einzelligen Lebewesen nicht zugestehen, und so hat sich das Wort Stimmung von hier aus zur Einheit: physiologische Stimmung verbunden. Ganz gewiß kann ein physiologischer Zustand (schlechte Verdauung, Schwangerschaft, Krankheiten aller Art, Sättigungs- und Hungerzustand usw.) ein Lebewesen sehr beeinflussen und zu Trägheit, Unlust, Trauer, kurzum zu gewissen Stimmungen führen, aber diese Stimmungen sind doch nicht rein physiologisch erklärbar, sondern vielmehr so, daß sich der körperliche Zustand auf den seelischen auswirkt. So muß der Begriff „Stimmung" der wirklichen Psychologie vorbehalten bleiben. Schließlich dasselbe wie Stimmung ist in gewissen Fällen: Gefühl. Ein Gefühl der Einsamkeit, der Erhabenheit, der Minderwertigkeit, der Freude usw. ist eine Stimmung, die wesentlich körperliche „Anlässe" haben kann, aber doch seelisch begründet sein muß. Trauer um einen verlorenen Freund hat zwar die Abwesenheit eines sonst häufig gesehenen und geliebten Menschen zur räumlich-materiellen Grundlage, aber das seelische Band zwischen den Freunden ist doch auch zerschnitten. Dem Tier braucht sich hingegen die Geselligkeit nicht als bewußtes Erleben zu offenbaren, vielmehr gestaltet ein übergeordneter seelischer „Wille" unmittelbar am Tier (Geselligkeitstrieb). Gibt man Wellensittichen, die bekanntlich paarweise sehr befreundet sind, an Stelle des gestorbenen Partners eine Glaskugel zum Befriedigen der geselligen Triebe in den Käfig, so bemerkt man keine ver-

46

änderte Stimmung, wie sie sonst — ähnlich unserer Trauer — aufgetreten wäre. Wir halten nun die Trauer des einsam gewordenen Wellensittichs nicht für eine von der menschlichen Trauer grundsätzlich verschiedene Gefühlsäußerung, sondern erkennen im Übergeordneten, Sinnerfüllenden den gleichen Urgrund, der sich einmal in der frei waltenden, schöpferischen und „eingeborenen" Menschenseele zeigt, und andermal als die am Tier im einzelnen und in der Gesamtheit vernünftig waltende Allseele (Welten- oder Naturseele) zum Ausdruck kommt, die ihren Willen am Tier durch Triebäußerungen geschehen läßt, nicht durch bewußt werdende freie Willensäußerungen wie beim Menschen. Das Wollen der vernünftigen Natur- und Menschenseele ist einheitlich verankert, letzten Endes aus demselben Quell geschöpft, so daß wohl die Form verschieden sein kann, aber nicht das Prinzip. Wir finden bei den naturverbundenen Wesen einen tief-inneren Zusammenhang zwischen Stimmungsträger und Kumpan, aus dem sich ein apriorisches „Verstehen" der Stimmung des anderen herleitet. Gerade gesellige und anschlußbedürftige Tiere zeigen dieses tiefe Verbundensein der Seele selbst andersartigen Wesen gegenüber. So empfindet z. B. der Hund als Kumpan des Menschen, ob sein Herr Trauer oder Freude hat, und richtet sich mit seinem Gehaben ganz nach dieser Stimmung des Herrn.

Übertragen auf das Reich der tierischen Laute könnte sehr wohl vielfach eine Stimmung, ein unbewußter Seelenzustand Anlaß zum Rufen geben, wenn dieses eben nicht interjektionsartig und gestisch einen sichtbaren äußeren Anlaß hat. Aber auch die Interjektion hat ja ihre seelische Grundlage, ist im Leben verwurzelt und zeigt die lebendige Seele; denn durch einen äußeren Anlaß wird ja gerade das „Innere" irgendwie strukturell verändert. Durch ein mich erschreckendes Ereignis wird zugleich auch meine Stimmung — spontan — verändert und drückt sich demgemäß in spontanen, allgemein im Lebensreich geltenden oder artlich und individuell geformten Ausrufen aus. Der Unterschied zwischen Stimmungsausdrücken im gewöhnlichen Sinn (Wehklagen, behagliches Schnurren der Katze, lustiges Trällern des Menschenindividuums usw.) und den reaktionsartigen Interjektionen (die — wie wir sahen — beim Tier mit dem Erlebnis eins sind) ist lediglich ein zeit-

47

licher und gradueller. Letzterer besonders insofern, als ja die Intensität des Reizes im ersten Fall größer und die Reaktion entsprechend „konzentriert" ist als bei einem zeitlich länger fortbestehenden Seelenzustand.

Wir kennen nun eine große Anzahl von tierischen Lautäußerungen, die einen länger anhaltenden, mehr oder weniger physiologisch diktierten Zustand ausdrücken und die sozusagen nicht auf einen Reiz, sondern auf die Summation vieler Einzelreize ansprechen. Als charakteristisches Beispiel mögen die Zugrufe der wandernden Vögel dienen. Es handelt sich hier um Laute, die — nicht immer — von den Stimmfühlungs- und Platzwechselrufen wesentlich abweichen und nur während des Zuges geäußert werden. Besonders interessant sind solche Arten, die — wie der Kampfläufer — sonst stumm sind und nur während des Ziehens rufen. Es gibt aber auch Arten, die ihren Zugruf (Steinwälzer: „khya") nicht nur während des Wanderns selbst, sondern auch während der ganzen Zugzeit und danach nicht mehr oder doch nicht mehr so häufig ausstoßen. Hier ist die ganze Zugstimmung, die ja mehrere Monate anhalten kann, Unterlage zu den Zugstimmungsrufen. Eine besondere physiologische Disposition ist ja zur Zugzeit durchaus gegeben. Sie drückt sich aus im Zustand der innersekretorischen Drüsen (Gonaden, Schilddrüse und vielleicht auch Hypophyse) und der Unrast des Vogels, die man auch bei gekäfigten Zugvögeln zur Wanderzeit beobachten kann. Viele nachts ziehende Arten werden bei Dunkelheit, wenn nicht mehr die Nahrungswelt ihre Reize aussendet, einzig und allein vom inneren Trieb gepackt, zu fliegen. Diese im Vergleich zum normalen Leben (die meisten nachts ziehenden Vögel schlafen sonst fest in der Nacht) geradezu einschneidenden Umgestaltungen müssen ja bei stimmbegabten Wesen auch ihren Ausdruck finden. Und es ist kein Wunder, daß die Vögel überhaupt dann am meisten rufen, wenn ihr physiologischer Zustand besonders zur Geltung kommt (wie beim Zug und während der Hauptphase des Geschlechtslebens). Nun kann bei den nachts wandernden und rufenden Arten aber nicht nur der innere Anlaß zum Lautgeben genügen, sondern es mag hie und da sehr deutlich auch ein äußerer, gewissermaßen auslösender Anlaß vorliegen. Befindet sich nämlich der Wanderschwarm in geordneter Ein-

48

heit, dann sind die „Seelen ruhig", alles ist in schönster Ordnung. Wird diese aber gestört, dann scheint die Störung einem Eingriff in einen einzigen Körper zu gleichen. Ein ziehender Schwarm ist tatsächlich ein Zugkörper, dessen Organisation erheblich leidet, wenn man ihn zu zertrennen beabsichtigt. Vielfach sind die Störenfriede grelle Lichter, die plötzlich aus der schwarzen Nacht hervortauchen (besonders Leuchttürme!). Licht ist „unvorhergesehen", und deshalb beginnt der ganze Schwarm (nicht einem Führer folgend, sondern wie aus „einem Mund") zu schreien und zu rufen, daß es ein rechter Spektakel wird. Wer jemals eine Zugnacht am Helgoländer Leuchtturm verbracht hat, wird von dem Stimmengetöse berichten können, das da die Schnepfenvögel (Brachvögel, Wasserläufer, Strandläufer usw.) und andere loslassen. Und nun ist das „Wie" des Rufens charakteristisch: es handelt sich hier nämlich nicht nur um die gesteigert hervorgebrachten Zugrufe, sondern auch um die Stimmfühlungslaute (die hier natürlich sehr wichtig werden) — und um Balzrufe! Das letztere scheint zu befremden; denn wie kann ein Tier in Balzstimmung sein, wenn gerade seine Zugstimmung herrscht? Aber jeder kann sich überzeugen, daß das Balzen der Brachvögel, hellen und dunklen Wasserläufer, Bruchwasserläufer usw. während des nächtlichen Zuges und besonders bei einer eingetretenen Störung (Leuchtturm) regelmäßig zu beobachten ist. Zugtrieb und Balztrieb scheinen überhaupt enger zusammenzugehören, als man glaubt, und vielleicht haben sie die gemeinschaftliche Grundlage in einem betonten physiologischen Zustand. Die korrelative Wirkung von Schilddrüsen- und Gonadenhormon, vielleicht auch von Hypophyse, Gonade und Schilddrüse, wird dabei eine wesentliche Rolle spielen; wir wissen bloß noch nicht welche. (Schilddrüse hat einen Einfluß auf Mauser und Gefieder, Gonade ebenfalls. Beide Drüsen sind auch für den Zug wichtig usw.) Dieses „Hochgefühl" des Körpers führt aber zweifellos immer zu besonders komplizierten und lauten Rufstrophen. Ergreift man eine Drossel während der Zugrast, so läßt sie (besonders im Frühling) — manchmal ihren Balzgesang ertönen! Ähnlich mag es mit den balzenden Brachvögeln sein, die während des Nachtzuges durch Licht erschreckt werden und in gesteigerter Erregung zu

„singen" beginnen. Es ist weiterhin eine bekannte Sache, daß gekäfigte Vögel während der Zugzeit besonders schreckhaft sind, ganz besonders aber während der Zeit des nächtlichen Herumtobens, das eine „Käfigform" der Zugbewegung darstellt.

Überall nun begegnen wir der Erscheinung, daß ein gewisses körperliches Hochgefühl auch die Stimmfreudigkeit steigert, was wir besonders noch im nächsten Kapitel sehen werden. Diese Betonung des körpergebundenen seelischen Zustandes kann natürlich auch dann eintreten, wenn eine „Angst" um das Leben dieses gerade besonders wichtig erscheinen läßt[1]). So erklären sich wohl manche zeternden Rufstrophen ergriffener Vögel und Säugetiere. Man darf nicht sagen: eine gegriffene Drossel läßt den Balzgesang hören, sondern eine gegriffene Drossel, in höchster Erregung, findet keinen anderen Ausdruck als den der höchsten Erregung: ihren Balzgesang — und höchste Erregung liegt eben a u c h dem Balzgesang zugrunde. Besonders deutlich wird die Richtigkeit dieser Auffassung, wenn wir nicht so stimmbegabte Wesen wie die Vögel ansehen, sondern Tiere, die nur über wenige oder gar nur über einen Laut verfügen. Eine Grille z. B. läßt ihr Zirpen nachgewiesenermaßen als Balzgesang und Paarungsaufforderung ertönen. Dennoch beginnt sie unter Umständen auch zu zirpen, wenn wir sie packen! Erregung kann sie eben nur durch Zirpen ausdrücken; bei der Unmöglichkeit, mit ihren Zirpapparaten jemals lauter, „besser" und andersartig zu zirpen, muß sie eben genau so zirpen wie beim Balzen. Ein Frosch quakt auch, wenn er ergriffen wird, quakt genau so, wie er es tut, wenn er im Paarungsgeschäft steht. Hier mag allerdings die Art der Berührung ausschlaggebend für die Auslösung des reflexartigen Quakens sein (s. o.). Säugetiere und Vögel können nun je nach dem Grad ihrer Erregung die Stimme s t e i g e r n. Hier ist es nicht so wie bei der Grille, die entweder zirpt (laut zirpt) oder gar nicht zirpt. Hier liegt kein Entweder—Oder vor, sondern eine fließende (fluktuierende) Modifikabilität im Sinne der Variabilitätslehre. Sehr schön können wir wieder bei der Amsel die Parallele von Erregung und Rufleistung untersuchen:

[1]) Analog pfeift oder singt der Mensch gern, wenn er allein im Dunkeln ist, um sich — mehr oder weniger ungewollt — die Angst zu vertreiben!

50

Kommt ihr etwas „verdächtig" vor, ist also irgendein äußerer „Reizzustand" verändert, so hebt sie den Schwanz und ruft „duck, duck...". Das tut sie z. B. auch, wenn es dunkel wird — es handelt sich hier um einen parallelen Intensitätsgrad der Erregung, der dieselben Rufe auslöst. (Verdacht von fern, einbrechende Dunkelheit.) Wird nun der Verdacht bestärkt (kommt die Katze oder der Mensch näher), dann geht das „Duck" über in ein schärferes „tjix-tjix-tjix". Erst „tixt" die Amsel unregelmäßig und langsam, dann werden die Einzeltöne immer schneller und immer rascher aneinandergefügt, bis eine regelrechte Rufstrophe ertönt, die am Ende abfällt. Nun ist aber der Zeitpunkt gekommen, wo sich die Erregung so weit gesteigert hat, daß die Flucht ergriffen wird. Die Parallele mit dem Dunkelwerden: Auch hier steigert sich das „Duck" allmählich zum „Tjix", ja es können ebenfalls häufig Rufstrophen erschallen, bis die Amsel — ebenfalls! — davonfliegt, und zwar nicht, „um" zu fliehen, sondern „um" den Schlafplatz aufzusuchen! Charakteristisch sind bei dem ganzen Steigerungsvorgang, der durch die Rufe tonhaft illustriert wird, die Körperbewegungen. Erst das Schwanzstellen, dann das häufigere Fächern desselben. Schließlich werden die Flügel immer weiter vom Körper abgehalten, bis sie ganz entfaltungsfähig sind. Um den geschilderten Vorgang auszulösen, braucht der Reiz, der Mensch, nicht näherzukommen, es genügt auch sein längeres Verharren. Der Einzelreiz scheint sich in der Zeitfolge zu einer Reizsummation zu verwandeln. Ganz ähnliche Dinge werden wir nun später bei den Balzgesängen wiederfinden, die auch nicht alternativ aufzutreten brauchen, sondern das Ende einer Erregungsreihe darstellen können.

Nicht immer lassen sich nun aber die tierischen Laute, die wahrscheinlich einer Stimmung entspringen, so einfach mit äußeren Reizen in Zusammenhang bringen, sondern wir erwähnten schon, wie schwer es oft ist, die seelische Stimmung als solche zu erkennen und dennoch die möglichen äußerlichen oder physiologischen Anlässe auszumachen. Das behagliche Schnurren der Katze ist sicher das Produkt aus sehr vielen ineinander verschlungenen Einzelerregungen, die wir gar nicht alle analysieren können; denn schon für uns Menschen ist es schwer zu sagen, wann wir uns behaglich fühlen. Es müssen da sehr viele Dinge zusammentreffen: Gesundheit, angenehme Sättigung, seelische Ausgeglichenheit im allgemeinen, keine Sorgen, angenehme oder keine Gesellschaft usw. usw. So schwer aber wie sich „gute Laune" definieren läßt, ist es auch, verschiedene Tierlaute zu erklären. Die Amsel hat z. B. einen sonderbaren, hohen, langgezogenen Ruf, der etwa wie „ssih" klingt; den läßt sie meist ganz allein (aber auch beim Ruhen mit Artgenossen) ertönen und recht häufig auch dann, wenn sie aufgeplustert im Schnee sitzt. Es ist unmöglich, alle äußeren Reizmöglichkeiten hierfür zu prüfen, und so bleibt uns nichts anderes übrig, als eine unbekannte, seelisch-körperliche Stimmung anzunehmen. Sicher ist auch dem Wetter ein wesentlicher Einfluß auf die Stimmung und Ausdrucksweise des Tieres zuzuschreiben, da wir es sogar noch naturhaft fühlen, ohne mechanistische Erklärungen dafür zu finden. Das Rulschen des Finken und andere „Regenrufe" haben sicherlich etwas mit dem Wetter zu tun.

Charakteristisch ist für viele „Stimmungslaute", daß sie nicht „adressiert" sind, sondern eigene Stimmungen um ihrer selbst willen ausdrücken, ohne dabei jemandem etwas sagen zu „wollen". Hierdurch lassen sich diese Laute auch oft von den sog. Lockrufen (Daseinsignalen) unterscheiden. Wenn nun trotzdem mehrere Vögel sich scheinbar mit dem gleichen Stimmungslaut unterhalten (wenn z. B. ein paar Amseln sich gegenseitig ihr „ssih" zuzurufen scheinen oder allenthalben die Finken „rulschen"), so mag das ein Zeichen dafür sein, daß hier in den verschiedenen Tieren die gleiche Stimmung herrscht. Meist sind ja auch die äußeren Umstände nach unserem Urteil die gleichen. Ganz gewiß nun lassen sich aber (unadressierte) Stimmungslaute und (adressierte) Daseinsignale nicht schematisch scharf trennen. Auf der Wanderung mögen manche Stimmungsrufe auch Stimmfühlungslaute sein. In gewissen Fällen läßt sich die Grenze aber doch sehr scharf ziehen: Die männliche Schellente verfügt nicht über einen Stimmfühlungslaut, einen „Lockruf" wie viele andere Entenmännchen. Dafür aber besitzt sie, wie wir bereits erwähnten, in den Schallschwingen Einrichtungen, die einen „passiven" Stimmfühlungslaut hervorbringen. Wegen der Mechanik des Schallinstruments kann, ja muß aber der Ton nur beim Flug erklingen! Daß

52

hierbei von einer Stimmung nicht gesprochen werden darf, mag einleuchtend genug erscheinen. Der Lockruf der männlichen Schellente ist gewissermaßen zum Körperteil geworden, der einfach durch sein Dasein wirkt. Hier ist sinnvolles Rufen geradezu materialisiert worden. Wenn wir nun auch manche vokal erzeugten Stimmfühlungslaute als Körpereigenschaften (artliche!) verstehen würden, so wäre das vielleicht ein nicht allzu irreführender Standpunkt. Mindestens aber zeigt er, daß der biologische Sinn auf verschiedene Weise erfüllt werden kann und daß nur die Form des Ausdruckes und der „Freiheitsgrad“ verschiedenartig sind, daß sich letzten Endes Körpereigenschaften, Triebhandlungen und seelisch-schöpferische Äußerungen auf eine einzige geistig-seelische Grundlage zurückführen lassen!

Die Tierstimme in der Sphäre des Geschlechtslebens und im Dienste der Platzbehauptung.

Wenn lautliche Gesten häufig das Zeichen einer gewissen inneren Erregung sind, so müßte sich bei der geschlechtlichen Erregung, die zweifellos die gewaltigste im Tierleben ist, eine Lautäußerung ganz besonders auffallend zeigen, vorausgesetzt, daß eben überhaupt eine Lautäußerung einen Sinn hat. Es ist sicherlich gerade für die Fortpflanzungszeit wichtig, daß sich das Tier besonders zeigt, sei es nun dem Ohr oder dem Auge. Das Dasein gewinnt während der Brunstperiode einen gesteigerten Wert, denn es hängt ja in seinem Fortbestehen vom Einzelleben ab! Daß dieses Dasein stärker und auffälliger nach außen hin verkündet wird als das ungesteigerte Lebensgefühl, scheint sicher zu sein. Auch der Mensch zeigt sich während der Liebeszeit viel mehr als sonst, er stellt all seine guten Eigenschaften heraus, seine Schönheit der Seele und des Körpers. Gegebenenfalls stimmt er auch im Hochgefühl der Liebe Lieder an, dichtet und kehrt überhaupt die scheinbar verborgensten Eigenschaften heraus. Ganz besonders muß nun aber der bei der Liebe aktivste Teil, also meist das männliche Geschlecht, „aus sich herausgehen“. Wir könnten viele Beispiele dafür aus dem Tierreich bringen, daß der werbende Teil auch derjenige ist, der sich zur Schau stellt oder seine Stimme ertönen läßt; wenige Beispiele dagegen, die bei Männchen und Weibchen gleiches Verhalten zeigen. Man findet bei Mensch und Tier grundsätzlich ganz ähnliche Imponier-, Prahl- und Schaugesten. Wer erinnerte sich nicht des „gravitätisch" schreitenden Kranichs oder des Schwanenmannes, der, um seinem Weibchen zu imponieren, die Flügel bauscht und allerhand verwegene Heldentaten ausführt, nur um auch ganz als Mann zu wirken? Über die Daseinsbetonung hinaus geht noch eine Betonung der typisch männlichen Eigenschaften. Und über die Betonung der artlich gebundenen Balzweise erreicht auch die Herausstellung des Individuellen, wo es vorhanden ist, einen Höhepunkt innerhalb des ganzen Lebens jenes Wesens. Die Mannigfaltigkeit des individualistischen Balzens ist natürlich beim Menschen am größten. Innerhalb des Menschengeschlechtes ist es aber bei primitiven Naturvölkern nicht sehr weitgehend entwickelt und macht dort mehr den landesüblichen Sitten Platz, an die sich z. B. ein Brautwerber streng halten muß. Diese Sitten sind nun aber immerhin wohl — wenigstens in ihren Einzelheiten und der Form — durch Tradition vererbte Gepflogenheiten und keine angeborenen Triebhandlungen. Hier liegt ein ziemlich bedeutender Unterschied zwischen menschlichen und tierischen „Balzgewohnheiten". Wenn z. B. eine Seeschwalbe vor der Paarung dem Geschlechtspartner ein Fischchen zum Geschenk darreicht, so ist das zweifellos eine angeborene Triebhandlung, wenn sie auch mit dem Darbringen eines Brautgeschenkes geradezu verblüffende Ähnlichkeit hat. Dieses Beispiel zeigt wieder, wie sinngemäß und auf den Erfolg bezogen menschliche und tierische Handlungen sich gleichen können und daß lediglich die Freiheit oder Unfreiheit der Seele dem Körper gegenüber verschiedengradig ausgebildet ist. Bei den sog. höheren Tieren spielen außerhalb der Triebhandlungen individuelle Regungen eine noch größere Rolle als bei niederen Tieren. Die Betonung des Individuellen wird dann besonders notwendig sein, wenn geschlechtliche Zuchtwahl und Kampf ums Dasein Mittel zur Arterhaltung sind. Wir wissen, daß eine gewisse Variabilität der Hochzeitskleider z. B. eine verschiedene Wahl des Weibchens zuläßt, wenn es auch nicht immer nachzuweisen ist, daß das Weibchen das „Schönste" und Stärkste bevorzugt, wie es zur Erhaltung eines gesunden Stammes notwendig wäre. Im Kampf ums

54

Dasein würde derjenige gewinnen, der — als der Stärkste und Lebenskräftigste — Platz und Weib am besten zu sichern imstande ist. Jedoch kann weder der Kampf ums Dasein noch die geschlechtliche Zuchtwahl jemals als ein Lebensprinzip angesehen werden, schon deshalb nicht, weil diese Mittel zur Erhaltung eines kräftigen Geschlechts nicht allgemein nachzuweisen sind.

Einen wirklich geschlechtsbezüglichen Ruf haben wir immer dann vor uns, wenn dieser nur von einem Geschlechtspartner (dem aktiven Teil, also meist dem Männchen) ausgestoßen wird oder vielleicht auch dann, wenn es sich um Laute handelt, die zwar beiden Geschlechtern eigen sind, dennoch nur während der Fortpflanzungszeit ertönen. Der Ausbildungsgrad der geschlechtsbezüglichen Stimme kann verschieden sein. Bei Heuschrecken und Grillen haben wir nur einen Laut, der überhaupt der Laut des betreffenden Tieres ist; bei manchen Säugetieren weicht der Brunstschrei erheblich von anderen Rufen ab oder wir kennen gar (wie beim Reh) Laute, die vom Weibchen allein, und Laute, die vom Männchen allein geäußert werden. Ähnliches findet man ja auch beim Kuckuck, wo das Männchen den bekannten Ruf erschallen läßt, während das Weibchen darauf nur mit einem wäßrig hellen „Lachen" antworten kann. Nun ist ja beim Kuckuck das Brutleben durch das Brutschmarotzertum etwas anders zu beurteilen als das der anderen Vögel. Beim Wendehals, wo sich beide Geschlechter an der Brut beteiligen und wo beide eine ununterscheidbare Färbung besitzen, rufen auch beide Geschlechter ihr langweiliges, jedenfalls angeborenes „waidwaidwaid...". Hier geht keiner der Gatten etwas aus sich heraus. Auch beim Dompfaff, wo beide Geschlechter singen (wenn auch „kratzig" genug), darf man nicht von einem feurigen Balzgesang reden, während gerade die schön singenden Arten nur im männlichen Geschlecht singen. Vielleicht besteht da ein gewisser Zusammenhang zwischen Kompliziertheit des Gesanges und Beteiligung beider Geschlechter an der Balz. Die mit dem Geschlechtsleben zusammenhängende Lautäußerung der Vögel ist nicht einheitlich. Wir müssen streng unterscheiden zwischen dem mehr intimen, unabgewandelten und angeborenen Paarungsgesang (der bei Singvögeln oft einem leiseren Hauptgesang ähnelt, beim Hahn

z. B. in einem „gerevg" besteht, das als Paarungsaufforderung dient) und dem Haupt- oder Balzgesang. Dieser ist das normalerweise als Gesang bezeichnete Lied, wie wir es von unseren Singvögeln her kennen, von dem wir aber auch in übertragenem Sinn bei Brachvögeln, Wasserläufern, Regenpfeifern, Limosen, Tauben, Eulen, Hühnern usw. reden. Schließlich wäre noch das gemeinsame oder einsame Schwätzen (Star, Weindrossel, Pirol) in diesem Zusammenhang zu nennen, wenn seine Bedeutung innerhalb des Geschlechtslebens auch eine verschiedene und zum Teil noch ungeklärte sein mag. — Wenn wir endlich die Amphibien noch erwähnen wollen: auch sie besitzen ausgesprochene Paarungsrufe, wie z. B. die Kröten, die im Tümpel zum Hochzeitsfest zusammengekommen sind, oder gar die Frösche. Bei diesen gibt es bestimmt eine ziemliche Reichhaltigkeit der Äußerungen. Der Laubfrosch ist mehr ein Einzelsänger als ein Chorist, wie man den grünen Wasserfrosch nennen könnte. Dieser verfügt außer einem „quarr", das vielleicht ein Lustgefühlsausdruck ist, über das bekannte „Brekekeke koax", das meistenteils erst einmal von einem Vorsänger angestimmt und dann von der Schar der Kumpane nachhaltig unterstützt wird. Zunächst scheinen sich im Tümpel die Männchen zu versammeln, die dann auch ohne die Weibchen musizieren. Dann erschallt das Froschkonzert — wohl noch lauter —, wenn die Weibchen eingerückt sind und die Befruchtung des Laichs erfolgt.

Es ist nun interessant, daß viele Balzsänger sich gegenseitig mit ihren Lauten zu reizen scheinen. Es herrscht immer eine gewisse Bereitschaft, mitzusingen. Wenn man an einem Froschteich z. B. den Vorsänger markiert, so stimmen bald die anderen Frösche ein, auch wenn unsere Imitation nicht besonders echt war. Auch bei Grillen erkennen wir eine oft ausgeprägte Wechselgemeinschaft im Singen. Vor allem Strauchschrecken wechseln häufig miteinander ab. Nachdem der Vorsänger seinen Zirpton gezeigt hat, fällt der Nachsänger ein und wartet wieder so lange, bis er beim übernächsten Mal daran ist. Man kann nun im Versuch auch den Vorsänger ersetzen und sich mit einer Grille oder Heuschrecke unterhalten, indem man abwechselnd mit ihrem Zirpen die Geige anstreicht o. dgl. Eine des Gehörs beraubte Heuschrecke übt sich nicht mehr im Wechsel-

singen, ja sie unterläßt das Zirpen meist ganz, weil sie nichts
hört, mit dem sie abwechseln könnte. Auf einem engeren Gebiet
kann man aber auch drei Heuschrecken im Rhythmus, im Sing-
kränzchen gewissermaßen, feststellen. Dann wechseln Nummer
eins und zwei miteinander ab und Numero drei singt unisono
mit eins. — Auch bei den Vögeln und Säugetieren läßt sich
zuweilen der Gemeinschaftscharakter des Balzgesangs erkennen.
Man beobachtet häufig regelrechte Sängerwettstreite bei
Grasmücken und anderen Singvögeln. Hier handelt es sich
freilich nicht immer um ein Abwechseln, sondern auch um eine
Art Wettsingen. Die Tiere scheinen sich gegenseitig anzu-
feuern, wie man das ja auch von Hirschen kennt. Auch hier
kann sich der Mensch einmischen, um zu erfahren, in welcher
Eigenschaft der Gesang wohl verstanden werden kann. Ahmen
wir einen Pirol nach (das „Vogel Bülow" ist der nur vom
Männchen hervorgebrachte Balzgesang, nicht etwa das gras-
mückenartige Schwätzen, welches eine Stimmungsäußerung
zu sein scheint), so hört der Imitierte meist eine Zeitlang auf
mit Rufen, als ob er besser horchen wollte. Dann wechseln
wir mit ihm ab oder rufen zugleich mit ihm — eine Regel gibt
es nicht für die Abstände der Gesänge — und erreichen, wenigstens im Beginn der Brutzeit, fast immer, daß der Pirol auf
uns zukommt. Wir können nun einen Grauspecht imitieren
und werden dasselbe erleben, selbst bei einer Amsel gelingt es
zuweilen, wenn man dann auch den Gesang ganz hervorragend
nachahmen muß, während der Grauspecht bereits auf recht
primitive Pfeifreihen reagiert und der Pirol ebenfalls nicht
allzu wählerisch ist. Wir könnten nun daraus schließen, daß der
Balzgesang der Vögel als Lockmittel dient. Aber das ist ein
Fehlschluß; denn warum locken sich dann in der Natur die
Vögel nicht gegenseitig immerzu an, warum sind sie während
der Brutzeit so ungesellig? In Wirklichkeit kommt der Vogel
auch nicht aus Spaß herbei, sondern deshalb, um den Eindring-
ling zu vertreiben, wie man sich an geeigneten Beispielen im
Freien immer wieder überzeugen kann (Drossel, Grasmücken!).
Wichtig ist weiterhin, daß unser Versuch niemals ein Weibchen
angelockt hat, sondern das immer selbstsingende Männchen!
Das zeigt doch deutlich, wie der Balzgesang mit dem Anlocken
der Weibchen wenig zu tun hat, sondern eher im Dienst der

Revierbehauptung steht, wie man es wohl auch vom Röhren des Hirsches annehmen kann, dessen Bedeutung für die Weibchen aber doch wohl ungleich größer ist als bei den Vögeln. — Daß der Balzgesang der Vögel auch wohl eine Art Wettgesang darstellt, zeigt die Tatsache, daß Vögel an sich bei jedem Lärm oder beim Ertönen von Musik diese zu überschreien suchen oder doch wenigstens mittun wollen. Stubenvögel werden durch den Lärm der gekäfigten Mitbewohner in einem Vogelladen oftmals zum Singen angeregt und erweisen sich dann — vom Käufer in ein stilles Stübchen gebracht — als recht singfaul. Da hilft ein Mittel: Klavierspielen oder sonstwie Geräusche und Töne hervorbringen. Übrigens setzt der Züchter seine Kanarienhähne, damit sie gut und eifrig singen sollen, zu anderen Hähnen und sorgt dafür, daß die Weibchen nicht in der Nähe sind; denn sonst singen die Hähne nicht so gut! Das ist doch recht merkwürdig und weist darauf hin, daß die Vögel keinesfalls nur für ihr Weibchen singen. Amselmännchen werden in ihrem Gesang durch die Nähe des Weibchens irregemacht, der Tauber hingegen ruckst gerade dann besonders eifrig, wenn die Täubin ihm zuhört. Das sind scheinbar Widersprüche, die aber bei einer genauen und den Einzelfall berücksichtigenden Betrachtung der Balz- und Paarungslaute zu erklären sein werden. So ist es jetzt unsere Aufgabe, an Hand einzelner, charakteristischer Beispiele die Prinzipien des Balzgesangs und der mit Geschlecht und Fortpflanzung zweifellos zusammenhängenden Laute zu erkennen.

Heuschrecken und Grillen zirpen, wie wir sahen, „um" das Weibchen anzulocken (vgl. den Telephonversuch), ferner um irgendeine Erregung (beim Ergreifen!) auszudrücken, und des weiteren wird der Chorgesang auf den Wiesen häufig in bestimmter Folge gebracht. Im wesentlichen Unterschied zum Vogelgesang hat das Grillenzirpen keine Bedeutung für den Lebenskampf. Denn die Tiere zirpen miteinander abwechselnd oder auch gleichzeitig oder schließlich ganz unrhythmisch (vielleicht auch nur scheinbar unrhythmisch?); ein Wettsingen kann nicht in Rede stehen, selbst wenn man bei Grillen und Zikaden beobachtet hat, daß sie z. B. Trommelgeräusche durch ein ungeheures Anschwellenlassen des ganzen Chors zu übertönen versuchen. Hier gilt keineswegs der einzelne, sondern

58

allein die Gemeinschaft, der Chor! Die Heuschrecken haben die gleiche physiologische Reaktionsbasis mit nur geringer individueller Abweichung; sie haben jedenfalls auch die gleiche seelisch-geistige Struktur, wenn auch nicht frei in sich, sondern gebunden an sich, als Projektion eines höheren Naturwollens auf einen unfreien Tierkörper. Das geradezu mathematisch und andererseits auch wieder „organisch" übereinstimmende Zirpkonzert, die Einigkeit in den Stimmen, der Charakter des Erfüllens einer einzigen Idee mit den Teilstücken, die selbst doch wieder als kleines Ganzes in der Natur verankert sind, zeugt von einem „Gruppen-Ich" und weist darauf hin, daß diese Tiere willige Träger und Ausführer einer allgründigen Idee sind. Daß Nummer eins zirpt und dann die Nummer zwei abwartet, ist ganz ebenso denkbar, wie der umgekehrte Fall. Vorrang gibt es nicht. Einer beginnt, der andere baut „sich" hinein, wie in eine eigene Äußerung, völlig organisch, ganz geordnet. Wie in dem einheitlich schwenkenden Starenschwarm ein jedes Glied unbewußt die ganzheitlich sinnerfüllende Bewegung ausführt — ohne Vorturner — und sich so als kleines Ganzes dem großen Ganzen als wichtiger Baustein unterordnet, so ist es auch bei dem gemeinschaftlichen Zirpkonzert der Geradflügler: Im ganzen betrachtet (von uns aus!) sinnvolle Eingliederung ins Ganze. Ein Persönlichkeitswert existiert für die zirpende Heuschrecke nicht, ebenso wie für den schwenkenden Star, wenngleich andernfalls und zu anderen Gegebenheiten eine betonte Individualität vorhanden sein kann. In der natürlichen Gemeinschaft spielt sie jedenfalls keine Rolle. Bei den Grillen zeigen die Männer alle zusammen in der gleichen Weise — wie ein einziger Mann —, daß sie männlichen Geschlechts und eben hier auf dieser Wiese anwesend sind. In dieser Männergemeinschaft wird jedes Glied zum Geigen angeregt durch das Geigen des anderen. Geigen nicht alle, so ist das Zirpen überflüssig, setzt ein Glied aus, so setzt auch das andere aus, so daß — im Verein mit den gleichen äußeren Anlässen — das Geigenkonzert seine gewisse Zeitbeschränkung haben kann. Ein einzelnes Heuschreckenmännchen kommt vielleicht (wir nehmen es nur an!) gar nicht zum Geigen, wenn nicht irgendein Anlaß vorliegt (Erregung oder Anstimmen eines als Reiz wirkenden Instrumentes), und biologisch ist das von Bedeutung: denn ein Infekt auf verlorenen Pfaden dient der Arterhaltung nicht. Das vereinzelte Männchen braucht gar kein Weibchen erst zu locken. In der Gemeinschaft aber, wo ja neben den Männchen auch die Weibchen anwesend sind und wo die Paarung in der Tat angebracht erscheint, hat das Geigen seinen Sinn. Je mehr Männchen nun aber da sind, desto lauter wird das Konzert (Versuch, mit einer Trommel das Grillen- und Zikadenkonzert zum Anschwellen zu bringen!), desto mehr Weibchen können angelockt werden, desto größere Heiratsaussicht in der Gesamtheit besteht! So kommt es bei den Geradflüglern nicht darauf an, daß sich ein erblich besonders begünstigtes Individuum die größte Nachkommenschaft sichert, sondern daß die Art ganz allgemein erhalten wird, und zwar dort, wo es sich für die Tiere am besten leben läßt. Freilich beobachten wir gerade bei Grillen Kämpfe auf Leben und Tod; ob dafür aber ein stimmliches Herausfordern in Frage kommt, kann nicht leicht entschieden werden. Da die Grillen wenigstens ihren Gesang unmittelbar vor dem Eingang in ihr schützendes Erdloch hören lassen, darf der Gedanke an eine Art Revierverteidigung nicht abgelehnt werden. Eine geschlechtliche Zuchtwahl halten wir für ausgeschlossen; denn wenn die Männchen nicht verschiedenartig werben, kann auch keine Bevorzugung durch das Weibchen vorgestellt werden.

Auch bei den Froschkonzerten kann es sich nicht ausschließlich um einen individualistisch getönten Balzgesang handeln, zumal bei den Wasserfröschen, die im Chor ihre Stimmen hören lassen. Inwieweit das Weibchen auf das Quaken reagiert, ist ziemlich fraglich. Jedenfalls werden sie sich danach richten können, denn sie hören es ja. Den ausschließlichen Sinn der Platzbehauptung besitzen die Chorgesänge nicht, wenigstens nicht für den einzelnen. Mit den Heuschreckenchören zu vergleichen ist aber auch beim Wasserfrosch der alternierende und vielleicht auch stimulierende Charakter des Getönes. Auch hier gilt vielleicht, daß die Außenseiter auf verlorenem Posten kämpfen und daß die Weibchen allein dort Aussicht auf Befruchtung haben, wo besonders viel und laut gequakt wird. Diese Aufgabe aber übernehmen alle Glieder der Hochzeitsgemeinschaft, wenigstens die männlichen Genossen, in gleicher Weise. Wenn hier das Vorsängerwesen auch ausgebildeter sein mag als bei

60

den anderen Gemeinschaftssängern, so tut das der Gleich-
schaltung des einzelnen doch keinen Abbruch. Was es für
Gründe sind, die einen Frosch gerade veranlassen, dann und
dann mit Rufen zu beginnen, wissen wir nicht und wollen wir
auch hier nicht weiter untersuchen. Der Vorsänger erfüllt
auf alle Fälle seine Aufgabe als Stimulans. Übrigens ist noch
lange nicht erwiesen, ob sich nicht ein gemeinsamer, äußerer
(oder innerer) Anlaß ausfindig machen läßt, der allmählich
und nicht ruckartig (weil ja Tiere keine Präzisionsmaschinen
sind) auf die Tiere einwirkt, zum Singen anregt, und daß dadurch die anderen, selbst noch nicht erregten Tiere einfallen.
Wenn bei einem Lustspiel, das doch auf die verschiedenen
Menschen etwas verschieden wirkt, erst ein besonders lustig
gestimmter Mensch laut zu lachen beginnt, können die anderen
auch durch dieses sich epidemieartig ausbreitende Lachen
weiter angeregt werden zu lachen und lachen schließlich über
das Lachen und das Lustspiel zusammen! —

Viel weniger den Charakter von Gemeinschaftsgesängen
(die wir auch bei Kröten antreffen können) hat das Lied des
Laubfrosches, das man recht häufig einzeln vernimmt. Leider
ist es (mir wenigstens) unbekannt, ob Laubfrösche vielleicht ein
bestimmtes Revier für die Paarung besetzt halten und inwieweit überhaupt das „Singen" im Dienste der Begattung steht.

Ungemeinschaftlich sind auch die Signale, die sich Klopf-
käfer und andere klopfende Insekten (s. o.) geben. Hier scheint
das Weibchen durchweg der aktive Teil zu sein, der durch seine
Signalrufe dem Männchen die Richtung weist, wie irgendein
Geruchsreiz des Weibchens andere Insekten gerichtet auf das
Weibchen loskommen läßt. Dieses Klopfen zur Anlockung des
anderen Geschlechts ist in seiner Eigenschaft als „Körpermerkmal" (vgl. Schellente — Stimmfühlungslaut) viel eher
mit den Rufen der Vögel zu vergleichen als mit dem Vogelgesang, nur daß eben vielleicht der Reiz vom Geschlechts-
zustand diktiert wird, was aber kaum auf hormonalem Wege
erreicht werden wird, da Insekten wahrscheinlich keine Ge-
schlechtshormone, wenigstens in dem Sinn wie die Wirbeltiere,
besitzen.

Bei den Säugetieren nun haben wir verschiedenartige
Ausbildung der „Brunftschreie" und Lockrufe für das Weib-

chen. Neben Lauten, die nur während des Begattungsaktes geäußert werden, gibt es Orientierungsrufe (Ricke, die den Bock „ruft") und typische Brunftschreie, die wir am besten vom Rothirsch kennen. Das Röhren hat ganz gewiß die Bedeutung: hier ist ein Mann mit Anspruch auf Weib und Achtung durch die Geschlechtsgenossen! Es kann natürlich dem Weibchen zeigen, wo es brünftige Männer gibt, aber in erster Linie sind die Schreie doch an das gleiche Geschlecht gerichtet. Bekanntlich orgeln die Hirsche je nach ihrer Größe verschieden stark, und es ist sehr gut denkbar, daß schwächere Hirsche mit ihrem kläglicheren Röhren von den stärkeren in jeder Beziehung „ausgestochen" werden. Wagt sich ein Rivale an einen röhrenden Hirsch heran, so gibt es eben einen Kampf, der über einen von beiden entscheidet und dem „Platzhirsch" Weib und Platz läßt. Im Gegensatz zu den Insekten werden ja die Säugetiere allmählich geschlechtsreif, d. h. ihre Fortpflanzungsaussicht wächst mit dem Alter. Obschon manches jüngere männliche Säugetier zum Akt befähigt wäre, ist es biologisch dennoch von Wichtigkeit, daß sich erst das Starke fortpflanzt. Die „biologische Reife" erreichen also die Säugetiere erst, wenn sie stark genug sind, um sich dem gleichstarken Rivalen zu stellen. Hier herrscht ein Kampf um die beste Erbmasse; ob eine geschlechtliche Zuchtwahl im engeren Sinne vorliegt, läßt sich dagegen schwerer entscheiden. Der Brunftschrei ist ein Ausdruck des individuell gefärbten Gefühls lebenstrotzender männlicher Kraft, das sich natürlich gerade zur Brunftzeit einstellt. Viel enger als beim Vogelgesang, dessen Dauer sich nicht mit dem Hochstand der Gonaden deckt, ist die physiologische Grundlage des Brunftens begrenzt. Das hängt jedenfalls auch damit zusammen, daß der Vogelgesang nicht nur der Verteidigung des frisch eroberten Brutplatzes und Weibchens dient, sondern auch später noch Bedeutung hat, wie wir gleich erkennen werden. Im Zusammenhang mit der kampfgestischen Art des Brunftschreies fehlt auch ein geordneter Gemeinschaftsausdruck der röhrenden Hirsche. Sie schreien — jeder für sich — so kräftig, wie sie können, und alternieren nie rhythmisch, sondern höchstens zufällig oder antworthaft. Bei anderen stimmbegabten Säugetieren kennen wir derartig ausgesprochene Brunftschreie nicht. Es wird berichtet, daß der Präriewolf nur zur Zeit der Fortpflanzung seine bellend-heulende Stimme entfalte und zu anderen Gelegenheiten wieder schweigsam ist oder doch weniger auffällige Laute von sich gibt. Wenn diese Mitteilung, die ich im Brehm finde, richtig ist, sollte man an eine Art Revierverteidigung denken können. Bei den Brüllaffen, die sich durch ein außerordentlich durchdringendes Geschrei auszeichnen, handelt es sich nicht um typische Brunftschreie (zumal auch die Weibchen, wenn auch stümperhaft, brüllen), vielleicht[1]) aber bedeuten sie einen Schutz der Affengemeinschaft. Diese baumbewohnenden Tiere halten sich nämlich in größeren oder kleineren Familienverbänden auf. Die Forscher berichten auch von regelrechten Gemeinschaftsbrüllereien, wobei einer als Vorsänger auftritt. Gewiß ist wohl, daß die Brüllaffen auf diese laute Art ihr Dasein verkünden, und zwar ganz besonders im Sinne eines Schutzes für die Familie bzw. die Herde. Da bei diesen Tieren ein gewisser Gemeinschaftssinn herrscht, verwundert es uns nicht, wenn die Gemeinschaftsschreie einen chorisch

---

[1]) Dem unvoreingenommenen Beobachter kommt es häufig so vor, als sei das überlaute Schreien der Brüllaffen, das dröhnende Brüllen des Löwen, das „sinnlose" Kreischen der Papageien und Tropenkuckucke sowie das überhäufige Grunzen und Quieken der Hausschweine in großen Zuchten lediglich ein Ausfluß überschüssiger Lebenskraft. Prof. Krieg, mit dem ich über diese Dinge sprach, vergleicht dieses überlaute Schreien sogar mit gewissen Überbildungen des Felles und Skelettes (Mähne, Hörner usw.), die er als Ausdruck eines Stoffwechselüberschusses ansieht. Vielleicht sind nun auch manche Schreie mit Einrichtungen zu vergleichen, die dem Organismus „Luft" schaffen sollen und den Stoffwechsel regeln mögen. Daß hier vielfach in der Tat eine für die Lebensweise geradezu unnötige oder gar störende Erscheinung vorliegt, zeigt, daß das Löwenbrüllen und übereifrige Bellen mancher Hunde den zu verfolgenden Feind nur allzu leicht verscheuchen kann. Vielleicht gehört hierher auch das Zirpen mancher Insekten, das uns scheinbar sinnlos entgegentritt. Ameisen zirpen z. B. nach den Untersuchungen Autrums, wenn sie ergriffen werden, manchmal beim Fressen, beim Übereinandersitzen, beim Eingeklemmtwerden, bei Lähmung usw. Lähmt man beispielsweise eine Ameise, so verlieren die Extremitäten und die Fühler zuerst die Funktionsfähigkeit, ganz zuletzt — vorm Tod — wird aber erst das Zirporgan ausgeschaltet. Ihm fließt nach Ausschaltung der anderen Stellen die gesamte Erregung zu, so daß das Organ tatsächlich in diesem Fall in dauerndem Gebrauch ist, das Tier also ununterbrochen zirpt. Ganz abgesehen von einer möglichen biologischen Bedeutung dieses Todeszirpens, legt jenes Ergebnis den Gedanken nahe, daß das Zirpen hier — nicht der Verständigung dienend — wohl seine Aufgabe in der Vernichtung anderweitig nicht verwertbarer Nervenenergie hat.

gegliederten Charakter haben. Daß das Miteinstimmen beim Schreien sozialer Säugetiere überhaupt eine große Rolle spielt, erwähnten wir bereits oben beim Hund. (Mit den Wölfen heulen!) Die Schreie der Katzenartigen und Hyänen haben sicher die Bedeutung der Daseinsverkündigung, stehen aber nicht immer unmittelbar in Beziehung zu Geschlechtsleben und Platz. Von unserer Hauskatze sind uns die nächtlichen „Arien" wohlvertraut. Sie gelten zunächst hauptsächlich den Konkurrenzkatern, die sich ja auch deutlich genug (gesträubtes Rückenhaar und Buckel!) gegenseitig ihre Abneigung zu verstehen geben, die freilich nicht ohne weiteres als bestimmte Eifersucht gedeutet werden darf. — Da bei Säugetieren i. a. aber die tönende Balz nicht sehr verbreitet ist und andere Formen der Balz und Werbung ausgebildet sind (Hochzeitskleider! Zurschaustellen bestimmter Körperteile!), wollen wir uns gleich zu den Vögeln wenden, deren geschlechts- und platzbezogene Stimmäußerungen bereits öfters erwähnt wurden.

Ausgesprochene Balzgesänge finden wir hier gerade bei ungeselligen Arten oder doch wenigstens bei Arten, die zur Brutzeit paarweise ein bestimmtes Revier beanspruchen. Schon innerhalb nah verwandter Arten wird das deutlich: die in Kolonien brütenden Singvögel (Uferschwalben) und Wasservögel (Alken, Möwen) haben keine Gesänge oder doch recht unbedeutende Balzäußerungen. Sie zeigen vielmehr durch ihre Massenerscheinung oder ihr Massenschreien deutlich genug, daß es sich hier um besetztes Gebiet handelt. Ganz anders ist es nun bei Einzelbrütern, die sich mit ihrem Gesang unmittelbar an die Artgenossen zu wenden scheinen. Die Amsel oder die Drossel sitzt auf hoher Warte und singt von da viele, viele Stunden. Bereits der lichtarme Morgen ist durchflutet vom Singen der Vögel, die übrigens alle zu einer ganz bestimmten Zeit mit ihrem Lied beginnen. Es gibt Nachtsänger (Nachtigall, Sumpfrohrsänger) und Vögel, die noch bei Dunkelheit ihr Lied anstimmen (Lerche, Rotschwänzchen), während die meisten anderen Sänger schon eine etwas größere Weckhelligkeit beanspruchen. Der Frühgesang zur Zeit der Brunft erschallt übrigens bei noch geringerer Helligkeit, als es die ist, die den Vogel sonst weckt. Das Lied beherrscht den Vogel dermaßen,

64

daß er Nahrungsaufnahme und manchmal sogar Scheu vernachlässigt. Es ist schon etwas Großartiges, wenn das kleine Gartenrotschwänzchen von früh bis Abend im Mai sein Lied ertönen läßt und nur ganz nebenbei der Nahrungsaufnahme nachgeht. Im allgemeinen besitzen die Morgenstunden (bei Rotkehlchen sicher ebenso die Abendstunden) den größten Reizwert zum Singen; besonders im Juni und Juli merkt man das, wo tagsüber fast kein Vogel mehr singt, während die dämmrigen Frühstunden dem Ohr noch allerhand Vogelgesang schenken. Im Sommer aber verschwindet die Sangesfreudigkeit immer mehr, nicht zuletzt deshalb, weil Jungenaufzucht und einsetzende Mauser (die mit einer Schilddrüsenhormonausschüttung den ganzen Körper in Mitleidenschaft zieht und sicherlich auch gewisse hemmende Einflüsse auf das Geschlechtsgefühl ausübt) den Vögeln das Singen mehr oder weniger verleiden. So hören manche Arten schon recht früh wieder mit dem Singen auf. Der Pirol — erst um Pfingsten eingetroffen — ruft im Juli schon kaum mehr, die Mönchgrasmücke singt bei uns von April bis Juni und erlahmt dann sichtlich in ihrem Eifer, während die nahverwandte Gartengrasmücke auch im Juli noch regelmäßig singt. Regeln gibt es hier wohl kaum. So wie bei der Nachtigall die Sangeszeit auf wenige Stunden des Tages beschränkt ist, ist diese auch nur auf wenige Monate — im ganzen betrachtet — ausgedehnt. — Interessant ist nun, daß die Vögel ihren Gesang mit der fortschreitenden Jahreszeit häufig recht verkümmern lassen. Nachdem sie ihn erst im Frühjahr mühsam durch Übung der „eingerosteten" Singmuskeln wieder einstudiert haben, nachdem sie vor, während und nach der Paarungszeit fleißig gesungen haben, lassen sie den auf den Höhepunkt seiner Ausbildung angelangten Gesang wieder allmählich in das Stadium des Studierens zurückfallen. Das gilt wenigstens für manche Arten, so z. B. die Mönchsgrasmücke, deren Gesang sich durch einen „Überschlag" (laute Flötentöne, die im Gegensatz zu dem sprudelnden Vorgesang stehen) auszeichnet. Diese Vögel scheinen besonders auf den Überschlag „hin zu studieren" und wenn sie ihn gerade recht vollendet bringen können, dann lassen sie ihn immer häufiger wieder ganz weg mit Schluß der Sangeszeit. Das deutet doch zum mindesten darauf hin, daß die Gesangsqualität mit dem inneren

Erregungszustand parallel läuft. Und in der Tat läßt sich eine feine Abstufung des Einzelgesangs eines Vogels innerhalb einer Brut- und Mauserperiode feststellen.

Nach Beendigung der Mauser, also im September, beginnen viele Vögel wieder zu singen (z. B. Hausrotschwanz, Rotkehlchen, Meise, Grünfink). Dieser Herbstgesang ist durchwegs leiser, „intimer" und ohne soviel Feuer wie der Balzgesang. Der Feldsperling freilich, der im Frühjahr ja nur sehr kümmerlich singt, bringt es im Herbst zu richtigen kleinen Tonreihen, die wie ein Lied anmuten. Es handelt sich aber keineswegs um einen Balzgesang, sondern vielleicht um ein Geplauder, das dem Spieltrieb entspringt. Das erstmalige Singen junger Vogelmännchen im Herbst wird vielleicht mit den allmählich reifenden Gonaden zusammenhängen. Man darf jedoch dem Wintergesang im allgemeinen keine Beziehung zur Geschlechtsdrüse zusprechen. Wir wollen an einem bedingten Wintersänger, der Amsel, die näheren Grundlagen kennenlernen, die wenigstens bei einem Gesang außerhalb der Brunftzeit zu berücksichtigen wären.

Im November hört man niemals eine Amsel singen, im Dezember wohl auch gewöhnlich nicht. Das ist die Zeit, wo die Vögel mehr oder weniger gemeinschaftlich nach Nahrung suchen und wobei ja auch ein „Behaupten des Reviers" den sozialen Gewohnheiten zu dieser Zeit widersprechen würde. Im Januar gibt es manchmal ein paar Tage, die wie eine Vorahnung seligen Frühlingswebens hehr und blau am Himmel glänzen. Es sind die Tage, wo die Kohlmeise ihr Glockenliedchen übt und das erste Sehnen nach dem Frühling verkündet und auslöst. Da beginnen die Amseln sich zeitweise ins Gebüsch zurückzuziehen und von den anderen zu isolieren und lassen ganz zaghaft und leise wie aus weiter Ferne ihr erstes Lied traumesgleich entstehen. Mit den ersten Flocken zerrinnt der sonnenfreudige Traum wieder in die herbe Wirklichkeit des späten Januar. Es ist, als regte sich hier in der Tat beim Vogel — durch das Wetter ausgelöst — eine Stimmung, nicht vielleicht die Stimmung zum Balzen oder Paaren, sondern zum Ausdrücken des Erlebens eben eines solchen warmen Januartages in seiner ganzen zukunftsahnenden Stimmung. Die Erregung in der Amsel ist aber noch nicht so groß, daß sie

66

laut und schallend singen müßte, von innen her gejagt. Nein, sie kann die Stimmung nicht mehr ausdrücken mit dem verlorenen „ssieh", schon gar nicht mit dem „duck" und „tjir", sondern sie muß singen, d. h. das stimmliche Mittel („Instrument") ergreifen, das ihr unbewußt allein als das geeignete in diesem Fall erscheint. Nun sind aber die sozialen Regungen im zeitigen Januar noch zu groß, als daß diese für längere Zeit am Tage unterdrückt werden könnten — und so kommt es, daß dem Gesang noch die eigentliche anfeuernde, kämpferische Bedeutung fehlt — und gerade deshalb ist er so innig-zart und intim. Nirgends hat man so stark den Eindruck eines für sich selbst geäußerten Liedes wie gerade bei der wintersingenden Amsel. Andererseits beweisen diese Beobachtungen mittelbar den kämpferischen Charakter des wirklichen lauten Balzgesangs. Ich habe nun gerade diese „winterlichen" Amseln auf ihre Disposition zum Singen hin mehrfach geprüft und konnte feststellen, daß bereits im Dezember unter geeigneten Bedingungen ein Gesang ausgelöst werden kann, der nicht den Charakter eines Stimmungsausdruckes von innen her trägt, sondern bereits die Verteidigungsgeste zeigt, wenn er auch leise erklingt. Von den noch nicht abgeschlossenen Versuchen möchte ich hier das Wesentlichste erstmalig berichten: Im späten Dezember, auch einmal Ende November, näherte ich mich Amselmännchen ganz unauffällig und bezog ein gutes Versteck, so daß ich den Eindruck haben konnte, daß die Tiere durchaus nicht argwöhnisch wurden, was man ja an Amseln gerade ohne weiteres bemerkt. Ein Männchen suchte auf der Wiese nach Futter — singen hatte ich um diese Zeit noch niemals eine Amsel gehört. So war also die Lage. Nun begann ich den Amselgesang nachzuahmen, was mir (ohne Überheblichkeit gesagt) recht täuschend gelingt[1]). Die Reaktion auf dieses Singen war fast spontan: ruckhaftes Innehalten beim Nahrungsuchen, dann bei weiterem Anhören (daß der Vogel zuhörte, steht für mich außer Zweifel) Hochgehen und Aufbaumen! Diese Reaktion kam stets und immer bei allen Versuchen, die ich anstellte, während das, was nun folgt, verschiedenartig und uneinheitlich war. Es gelang mir nämlich in wenigen Fällen,

---

[1]) Gerade Amseln reagieren nur auf wirklich sehr echt imitierte Gesänge.

die Amsel, nachdem sie aufgebaumt war und erregt mit dem Schwanz geschlagen hatte, auch hin und wieder einige „tjix" geäußert hatte, zum Singen (im Dezember!) zu bringen. Dieses Ergebnis ist, selbst wenn es mir, wie ausdrücklich betont, nur wenige Male beschieden war, immerhin ein Beweis dafür, daß das Wintersingen in diesem Fall nicht als Ausdruck einer inneren Stimmung (die mit dem Wetter zusammenhängt) aufgefaßt werden darf, sondern bereits (in dieser „unreifen" Zeit) als Kampfgeste gelten mag. Wir stellen uns nun vor, daß der Charakter der Kampfgeste beim zunächst als Stimmungsausdruck beginnenden Amselgesang erst dann in Erscheinung tritt, wenn das Tier einen Gegenspieler hat. Die individuelle und ungemeinschaftliche Note ist also durchaus gegeben. In der Tat ist der natürliche, intime und leise Wintergesang so vereinzelt und eben so zart geäußert, daß es schon ein Zufall sein müßte, wenn einmal eine andere männliche Amsel den Gesang des Partners hörte und auf diese Weise zur „Stellungnahme" gezwungen wäre. Doch noch etwas anderes lehren die erwähnten Versuche: Nicht selten begann nämlich die Amsel, nachdem sie auf mein „Singen" hin aufgebaumt war (was, wie gesagt, fast hundertprozentig typische Reaktion war), in „tjix"-Reihen auszubrechen, um schließlich zeternd von dannen zu stieben! Es ist mir recht unwahrscheinlich, daß sie vor meiner Erscheinung geflüchtet ist; denn wenn ich mich — im Versteck aus derselben Entfernung eine Amsel beobachtend — ruhig verhielt, ließ sie sich nicht stören, ebenso wenn ich ein Lied pfiff oder sprach, hustete usw. Es muß dem Vogel der Gesang entweder verdächtig vorgekommen sein oder er reagierte auf ihn einfach noch nicht kämpferisch; d. h. bei diesen Vögeln war die Kampfdisposition noch nicht gegeben und die Balzstimmung noch nicht verwirklicht, wohl dagegen eine Erregungsmöglichkeit, die in der typischen Stufenfolge mit „duck" oder „tjix" beginnt und dann in Zetern, das vom Abfliegen begleitet ist, endet. Diese Erregungskette konnten wir bereits im Umweltkreis des nahenden Feindes und des Einbrechens der Dunkelheit feststellen. Sie stellt gewissermaßen die außergeschlechtliche Erregungsreihe dar, die normalerweise, d. h. bei nicht zu starken Reizen abläuft. Wir haben aber bereits gesehen, daß eine Drossel (und die Amsel übrigens auch) beim Ergriffenwerden mit Singen antworten kann. Dieser an sich auf einer anderen Ebene stehende Erregungsendpunkt kann also bei gewissen Reizen, die einen Ausdruck stärkster Erregung verlangen (die eben auch dem Geschlechtsleben zugrunde liegt) direkt geäußert werden. Von hier aus nun aber erhält der natürliche, leise Wintergesang noch eine weitere Beleuchtung, die — im ganzen — die Kompliziertheit der Verschiedenartigkeit der Stimmäußerung ahnen läßt: Eine Stimmungserregung findet ihren schönsten überhaupt erreichbaren Ausdruck ebenfalls im Balzgesang, wenn auch im intimen ohne kämpferische biologische Bedeutung. So erkennen wir den Balzgesang jeweils als Endglied gesteigerter Erregungsreihen, die vollkommen verschiedene und unverwandte Anfangsglieder haben. Es ist dem Vogel beim „Aufwärtssteigen" in einer der drei Reihen jeweils möglich, sofort — bei heftigster Erregung — in den Ausdruck höchster Erregung, eben in den Balzgesang, überzuspringen! Dieses Überspringen kommt aber normalerweise nur dann vor, wenn die Erregung selbst ohne Überleitung zum Endpunkt ansteigt[1]).

So unvollständig unser Wissen nun auch ist und um so schwerer es scheint, das Warum des Vogelgesangs wirklich zu erklären, je mehr man beobachtet, so wesentlich verbessert sind doch unsere Einblicke in die biologische Bedeutung des Vogelgesangs an sich. Um bei unseren winterlichen Amselversuchen zu bleiben: Singt man Weibchen etwas vor, so verhalten sie sich vollkommen gleichgültig, wenn sie nicht (ob gestört?) zeternd abfliegen. Ein Näherkommen konnte ich nicht beobachten. Daß der Amselgesang in der Tat ziemlich wenig mit der Anlockung des Weibchens zu tun haben kann, zeigen ja auch Beobachtungen, die dazu zwingen, anzunehmen, daß das Männchen durch die Anwesenheit des Weibchens geradezu irritiert wird. Die Verteidigungsstimmung wird eben gestört, wenn durch das Auftreten eines Weibchens sich der Umweltkreis: Paarungsmöglichkeit schließt. Wir hatten bereits oben erwähnt, daß bei der Ringeltaube der „Gesang" durch die Nähe einer Täubin im Gegenteil veredelt wird. Nun, das zeigt eben nichts anderes, als daß das Taubenrucksen mehr noch (bzw. weniger) als ein Ausdruck der Platzbehauptung ist und viel-

---

[1]) Vgl. auch das „Balzen" während des Zuges weiter oben.

leicht gleichzeitig als Paarungsruf dient. Schematisierung ist der größte Feind einer biologischen Deutung. Denn gerade die feinen Übergänge in allen Lebensäußerungen und die Vielheit der tatsächlichen Bedeutungsmöglichkeiten eines scheinbar einheitlichen Lautes ist doch gerade das Fesselndste im lebendigen, ewig schöpferischen Reich der Natur. So ist die scharfe Trennung zwischen Paarungsgesang und Balzgesang (besser Haupt- oder Reviergesang) nur in der Abstraktion möglich, in der lebendigen Verwirklichung jedoch selten einmal ideengleich und schematisch vorhanden.

Dementsprechend ist es auch schwer, die Deutung des Vogelgesangs allgemein vorzunehmen und auf Einzelbeispiele zu verzichten. Des beschränkten Raumes wegen begnügen wir uns damit, festzustellen, daß die Stimmäußerung der meisten „gut" singenden Singvögel und der zur Balz „jodelnden" Schnepfenvögel den allgemeinen Charakter der Revierverteidigung hat. Wir weisen darauf hin, daß die Gabe des Gesanges nicht jedem Vogel (auch nicht jedem Singvogel) verliehen ist, und wollen nun noch kurz andeuten, wie denn die anderen Vögel die Verteidigung ihres Reviers handhaben. Raubvögel, die bekanntlich über nur wenige Lautäußerungen verfügen, zeigen sich über ihrem erkorenen Revier wie eine Flagge, die das Land, soweit es eben zu ihr gehört, beherrscht. Vom einfachen Kreisen und Flugspielen aus lassen sich die typischen Balz-Schaustellungen verstehen (Auerhahn, Kampfläufer, Bekassine, Trappe usw.), die mit oder ohne begleitende Stimmäußerung ablaufen können. Ihre Bedeutung ist die gleiche wie die des Gesanges. Auch hier spielen die Weibchen oft gar nicht die Rolle, die man ihnen zuschreibt. Beim Auerhahn kümmern sich die Hennen wenig um das Gehaben des balzenden Hahnes. Interessant sind die Massenschauspiele der Kampfläufermännchen. Hier balzen zwar viele mit- und nebeneinander, aber sie kämpfen doch so gut wie nicht gegeneinander, sondern zeigen sich mehr symbolisch, gestisch als Kämpfer; denn es kann ebensogut ein einzelnes Männchen für sich balzen! Eine ausgesprochene „Revierbedeutung" haben diese Kämpfe, auf die wir hier nicht weiter eingehen können (vgl. die guten Beobachtungen von Selous) nicht; dafür stehen sie mit der Weibchenwahl in einem allerdings mehr

70

indirekten Zusammenhang. Auch bei den nur fürs Auge balzenden Vögeln kennt man die Erscheinung der Herbstbalz. Das Sich-zur-Schaustellen ist also keineswegs an die Brutzeit oder gar an die Zeit für die Eroberung des Weibchens gebunden. Immer nur ist es geselliges Leben, das ein Kundgeben des Revier(und Weibchen-)besitzes unterdrückt und unterdrücken muß. So verteidigen viele Vögel auch dann noch ein Revier, wenn sie außerhalb der Brutzeit ungesellig weiterleben. Es ist ja nicht gesagt, daß nur gerade das Brutrevier verteidigt werden muß, sondern ebensogut kann doch ein Vogel, für den der Nahrungserwerb eine ungeheure Bedeutung hat, sein Nahrungsrevier verteidigen. Es sind hier so viele Besonderheiten zu berücksichtigen, daß man nichts Allgemeingültiges feststellen kann, so gibt es z. B. Arten, die wohl ein abgegrenztes Brutrevier, aber ein gemeinschaftliches Nahrungsrevier haben — das richtet sich zum Teil auch nach der Nahrung selbst und der Fülle der vorhandenen Nahrung besonders. Man kann ja bei Finkenvögeln, die im Herbst weitgehend gesellig der Nahrungssuche obliegen und die sonst im Frühling Einzelgänger sind und ihr Revier mehr oder weniger gut verteidigen, bemerken, wie sie selbst dann im Frühling gesellig werden, wenn genügend Nahrung vorhanden ist. Derartiges findet man nun hauptsächlich bei Großstadtvögeln oder Parkvögeln, die in ihrem Lebensraum nachweislich mehr Nahrung zu allen Zeiten zur Verfügung haben als in ihrem ursprünglichen Wohngebiet. (Dieses kann z. B. die Buschsteppe gewesen sein [Finkenvögel] oder auch der Urwald, der Fels [Rotschwanz, Segler] usw.) Hand in Hand mit dieser Verbesserung der Nahrungsbedingungen geht ein „Rückgang" im Gesang; d. h. er verliert zum Teil seine Mannigfaltigkeit und wird eintöniger, „einfallsloser". Unsere Finkenliebhaber können berichten, wie schwer es ist, heute noch einen wirklich guten Sänger zu erhalten. Man muß schon in kulturell unbeleckte Gegenden fahren, um solche zu finden. Auch die Amsel singt in der Stadt wesentlich motivärmer als im einsamen Bergwald, wo man geradezu überraschende „Künstler" unter diesen schwarzen Sängern findet. Die Ursache einer solchen Erscheinung (die übrigens parallel mit der Entartung der Großstadtvögel im Triebleben geht — auch die häufiger

anzutreffende Weißscheckung der Stadtvögel gehört hierher —,
liegt wohl auf der Hand: Ist genügend Platz und Nahrung
vorhanden, so kann der Vogel geselliger werden (den Kollegen
etwas mehr gönnen, ohne selbst Schaden davonzutragen) und
der Ansporn, das Feuer, zum möglichst vielgestaltigen Singen
fehlt. Hier wird uns vielleicht klar, daß der Kampf ums
Dasein eine nicht unwesentliche Rolle für die vollendete
Ausprägung des Gesangs spielt; denn wo das Revier nicht für
den einzelnen so sehr verteidigt werden muß, fällt die Bedeutung eines möglichst feurigen, d. h. kräftigen Gesanges
fort. Es hat doch auch der weniger gut singende Nebenbuhler
Aussicht auf Ansiedlung. Weiterhin kann auch der geringere
Sänger (vielleicht ein jüngerer Vogel, der an sich noch nicht
zur Brut schreiten sollte) Weib und Platz finden, weil ja der
kräftigere Nebenbuhler ihn gar nicht aus dem Felde schlägt, da
er ja ohnehin kein Bedürfnis dazu verspürt, bei der reichlich
vorhandenen Nahrung und dem ausreichenden Platz sein
Revier abzugrenzen. Die Schwächlinge können sich übrigens
ja auch deswegen besser halten, weil die Zahl der Feinde nicht
mehr so groß ist. Daher kann sich auch die Weißscheckung
hemmungsloser ausbreiten.

Die Verschiedenartigkeit des innerhalb der Art an sich
(wenigstens im Prinzip) gleichen Gesanges erscheint uns nach
dem oben Gesagten als individuell verschiedene „Steige-
rung" der Erregung. Da der Gesang als solcher schon Aus-
drucksmittel für eine höchste Erregung ist, müssen wir nunmehr
unsere Ansicht noch erweitern und sagen, daß der Gesang auch
in sich gesteigert werden kann. Es handelt sich hier um das,
was man landläufig mit „schön und kümmerlich singen" bezeichnet. Wir können freilich diese unbiologischen Ausdrücke
nur der Deutlichkeit wegen anwenden; in Wirklichkeit ist es
recht schwer, das Schönere und Kümmerlichere einheitlich zu
definieren. Es kann der Gesang einmal sowohl in der Länge
und Lautstärke als auch in der Rhythmik und Metrik verschieden und nach unseren Begriffen besser oder schlechter sein,
und er kann andermal in der „Komposition", der Melodik und
Motivfülle gewaltig variieren, wie wir noch sehen werden.
Rein biologisch gesehen, hätte eine „Verbesserung" des Gesanges eigentlich nur eine Erklärungsgrundlage, eben die der

72

besseren Eigenschaft im Auslesekampf und — der sexuellen Zuchtwahl. Das letztere kann wohl nicht bewiesen werden, das erstere ist im Einzelfall ebenfalls schlecht zu belegen. Wir wissen, daß Kampfläuferweibchen und Wellensittiche in der Tat den „schöner" gefärbten Männchen den Vorzug geben; aber wie soll sich im Gesang Zuchtwahl geltend machen, wenn die Weibchen eine so geringe Rolle dabei spielen? So bleibt eben nur der Kampf ums Dasein. Nun braucht aber das uns „schöner" Erscheinende nicht zugleich auch das biologisch Vorteilhaftere zu sein, sondern es kann beim Kampf ums Dasein ebensogut die Kraft nnd Ausdauer des Vortrages entscheidend sein. Gilt denn im Kampf überhaupt ästhetische Schönheit? Hier merken wir ganz deutlich einen Mangel der rein biologischen Deutung; denn nirgends vermag sie das Schöne, das anscheinend zur Natur ebenso gesetzlich gehört wie das Nützliche, zu fassen, wenn sie doch ein ästhetisches Empfinden der Tiere lächelnd abweist. Und wir werden später sehen, daß wir an diese Dinge auch nur von einer ganz anderen Seite herankommen können und daß wir sie nicht einseitig von biologischer Warte aus beurteilen dürfen.

Auch die Tatsache, daß jede Vogelart verschieden singt, vermögen wir rein biologisch nur schwer zu erklären. Selbst wenn viele Vögel gegenseitig ihren Gesang nachahmen und fremde Laute in das eigene Lied einfügen (darüber später ausführlich), ist eine Artkonstanz im Gesang ohne weiteres vorhanden, was ja schon dadurch erhellt, daß der Kenner in allen Fällen die Vogelart am Gesang ansprechen kann, und sei dieser auch ein noch so großes Kauderwelsch. Wenn nun der Gesang im einzelnen auch nicht angeboren ist, sondern nur von einer angeborenen Reaktionsnorm (s. u.) gesprochen werden kann, so wird der Gesang doch durch Tradition weitergeerbt, was für uns jetzt praktisch das gleiche ist, als wenn er genetisch begründet wäre. Jeder Vogelgesang hat also seinen Charakter, an dem er nicht nur von uns durch fleißiges Studium, sondern doch zweifellos auch von den anderen Vögeln erkannt werden kann, und zwar sicher nicht nur von den Männchen, die er hauptsächlich angeht, sondern auch von den Weibchen, wenigstens der gleichen Art. Inwieweit nun die Vögel tatsächlich ihre eigene Art erkennen können und inwieweit sie fremde Vogelarten zu „unterscheiden"

vermögen, ist eine fast ungeklärte Frage. Optische Untersuchungen haben gezeigt, daß der Vogel einen Blick für Form-
verschiedenheit und Farbwertigkeit besitzt, daß er aber doch
feinste Unterschiede häufig nicht mehr wahrnehmen oder wenigstens „auswerten" kann. Nun werden sich zweifellos ganz
ausgesprochen ähnliche Arten (die sich ja auch miteinander
paaren, wenn sie auch nicht verwandtschaftlich eng zusammengehören) dem Aussehen nach „verwechseln" können. Das
könnte jedoch der unterschiedliche Signalruf der Art, der in dem
Fall also eine andere Farbe und Form ersetzt, verhindern.
Aber Fitis und Zilpzalp, zwei selbst für Kenner äußerlich fast
ununterscheidbare Arten, haben einen außerordentlich ähnlichen
Signalruf, der wie „fuid" klingt und je nach der Art etwas mehr
auf der ersten oder letzten Silbe betont wird, ein Unterschied,
der sich jedoch auch verwischen kann. Diese nun wirklich recht
ähnlichen Arten haben aber einen geradezu grundverschiedenen
Gesang. Der eine stammelt ein monotones (angeborenes)
„zipzapzipzap...", der andere singt ein weiches, achromatisch
abfallendes Liedchen, das im Aufbau dem Finkenschlag nicht
ganz unähnlich ist. Wäre es nicht denkbar, daß durch diese
Verschiedenheit eine Vermischung der Arten unmöglich gemacht wird, indem die Weibchen im verschiedenen Gesang der
Männchen ein Erkennungszeichen besitzen und die Revier-
abgrenzung innerhalb der beiden Arten gefördert wird? Es
ist nun an anderer Stelle noch zu erörtern, daß wahrscheinlich
ursprünglich auch der Fitis ein „Zilpzalp"-Lied gehabt hat,
das jedenfalls die ererbte Grundlage darstellt, und daß im allgemeinen beide Arten befähigt sind, den Fitisgesang zu bringen,
was hin und wieder auch bei uns durch „nachahmende" Individuen bewiesen wird. (Zilpzalps singen gern am Schluß noch
einen Fitisgesang, wenn sie eben überhaupt einmal „spotten".)
Dort nun, wo wie in Spanien (besonders am Gibraltar) beide
Arten nicht im gleichen Gebiet brüten oder doch wenigstens
nicht gleich häufig sind, können es sich die Zilpzalps „leisten",
wie ein Fitis zu singen. Es war also scheinbar der reine Zufall,
welcher von beiden Gesangsteilen ((das angeborene „Zipzap"
oder das mehr oder weniger erlernte „Fitis") zum Hauptgesang
wurde. Wesentlich ist allemal nur, daß die beiden Arten verschieden singen, um ihre Artverschiedenheit auszudrücken, was

74

ja im Interesse einer Arterhaltung notwendig erscheint. Dies ist ein extremer Fall, welcher bisher nur als Beispiel für ein monströses Spotten erwähnt wurde, das aber, wie wir sehen, vielleicht gar nichts mit dem Problem des Imitierens (Spottens) zu tun hat. Daß es sich bei Zilpzalp und Fitis um nicht spottende Vögel handelt, mußte den Beobachtern ja bereits die Tatsache zeigen, daß ein Zilpzalp eben nur den Fitisgesang „spottet", nie aber einen anderen Gesang einwebt. — Wir finden nun immer und immer wieder die auffällige Erscheinung, daß an sich nicht nächstverwandte (d. h. mindestens artlich verschiedene) Vögel dann um so verschiedener singen, je ähnlicher sie sich sind. So ist es bei den Grasmücken in ihrem unauffälligen Gewand, und so ist es bei den beiden Sumpfmeisen und Baumläufern, Goldhähnchen usw. Freilich müssen die Arten schon im selben Gebiet miteinander vorkommen (was ja übrigens bei Rassen einer Art sowieso ausgeschlossen ist; sie können daher auch sehr ähnlich singen). Dorn- und Mönchsgrasmücke würden schon nicht mehr hierher gehören; denn beide bewohnen verschiedene Landschaftstypen. Sie beide aber haben übrigens auch einen sog. Überschlag, der — an sich weniger „schön" — bei der Dorngrasmücke, die ein Freilandbewohner ist, noch durch einen Balzflug „illustriert" wird. Die Zweiteiligkeit des Grasmückenliedes ist wie ein Gattungscharakter. Je nach der biologischen Notwendigkeit und der Anpassung an den Landschaftsstil (darüber später) wird nun der von Haus aus gleiche Gesang verändert und der Lebensweise des Vogels angepaßt. Mönche, die den Überschlag weglassen, was sie außerhalb der Hauptbrutzeit gern tun, erinnern an singende Gartengrasmücken, die im gleichen Gebiet vorkommen. Die Gartengrasmücke scheint den Überschlag nie zu bringen, vielleicht als „Unterscheidungsmal" gegenüber dem Mönch, der sich diesen schönen Überschlag „angewöhnt" und durch Generationen hindurch immer weitergegeben hat, nicht ohne daß er im einzelnen recht variabel wäre (Dialekte!). Die Sperbergrasmücke, die mit der Dorngrasmücke mitunter den Lebensraum teilt (obschon sie viel seltener ist), hat ebenfalls auf eine Zweistrophigkeit verzichtet, während die Dorngrasmücke zweistrophig singt oder doch wenigstens den letzten Teil als Hauptgesang übernommen hat. Dem Landschaftsstil gemäß erheben sich Sperber- und Dorngrasmücke über die Büsche, wenn sie eifrig singen, um sich auch noch deutlich zu zeigen. Im Aussehen sind diese beiden Arten freilich nicht zu verwechseln. Auch ihr Lockton ist verschieden, während Mönchs- und Gartengrasmücke recht ähnlich sind (das schwarze Käppchen der ersteren nimmt sich wie ein „Überschlag" im Bilde aus!) und auch fast die gleichen Lockrufe haben. Nonnenmeise und Weidenmeise bewohnen nicht selten das gleiche Gebiet. Ihre Gesänge sind grundverschieden, was aber auch daran liegt, daß der Weidenmeisengesang, wenigstens der uns auffälligste Liedausdruck, nicht ein eigentlicher Balz-, sondern der Paarungsgesang ist. — Die Rohrsänger haben sozusagen auch ein Gattungsschema des Gesanges, welches vielleicht am klarsten und „unverändertsten" der größte der Sippe, der Drosselrohrsänger, zu Gehör bringt („karr-karr-kiet-kiet"). Sein kleineres Abbild singt dasselbe Lied „kleiner" und „ausgeschmückter". Ganz ähnlich singt auch häufig der Schilfrohrsänger, der aber durch seine Streifung vielleicht auch den Vögeln selber erkenntlich wird. Zu aller „Vorsicht" pflegt er sich aber beim eifrigen Singen über das Schilf oder Ufergebüsch zu erheben, was der Teichrohrsänger niemals tut. Ich konnte in manchen Gebieten (wo beide Arten vorkommen) beobachten, daß die Schilfrohrsänger dann ihr Lied besonders reichlich mit Imitationen ausschmücken (was der Teichrohrsänger kaum tut), wenn die Teichrohrsänger in unmittelbarer Nachbarschaft brüten. Wo hingegen fast nur Schilfrohrsänger nisteten, fand ich ganz teichrohrsängerartig singende (nicht spottende) Tiere. Freilich besitze ich hierüber nicht genügend Erfahrung, um dieser Beobachtung eine allgemeinere Gültigkeit zusprechen zu können.

So vereinzelt steht die Erscheinung, daß äußerlich ähnliche und das gleiche Gebiet bewohnende Arten dann ihre Unterschiede hervortreten lassen, wenn es sich um Revier oder Paarung handelt, übrigens nicht da. Es lassen sich nämlich auch in den Paarungsgesten (die nicht ruflich bedingt sind) bei ähnlichen Arten weitgehende, ja geradezu krasse Unterschiede auffinden, die geeignet erscheinen, eine Artvermischung zu vereiteln (da diese ja infolge ihrer notwendigen Sterilität der Nachkommen biologisch unerwünscht sein muß). Wachs hat gezeigt, daß die kaum zu unterscheidenden und übrigens auch stimmlich recht ähnlichen beiden Seeschwalben (Fluß- und Küstenseeschwalbe) ganz abweichende Paarungszeremonien haben, die verhindern, daß sich die Tiere jemals bei einer gegenseitigen Annäherung „einig werden könnten"; denn jedes folgt dem Ablauf der angeborenen Triebhandlung und kann sich nicht in den fremden Gang des anderen Spielablaufs hineinversetzen. Dasselbe berichtet auch Heinroth von verschiedenen Wasservögeln (Schwänen z. B.), die alle pedantisch an ihren Liebesspielen festhalten.

Wir haben aus dem vorliegenden Abschnitt ersehen, daß man die Frage: „Warum singen die Vögel?" nicht nach einem Schema beantworten kann; denn es sind verschiedene Ursachen, mehr oder weniger getrennt voneinander, feststellbar. Wir haben weiter bemerkt, daß die Frage nach dem Grund der Verschiedenartigkeit des Gesangs an sich und in sich nur teilweise biologisch beantwortet werden kann. Feststehend war für uns, daß der Balzgesang immer ein Ausdruck höchster Erregung ist und als solcher nicht immer die gleiche Ursache zu haben braucht.

3. Entwicklung und Ausbildung der Tierlaute, insbesondere der Vogelstimme.

Entwicklung und Ausbildung der Tierlaute im Licht der Abstammungslehre.

Wenn von dem Einzeller bis zum Menschen alle Lebewesen voneinander abzuleiten sein sollen, so muß auch für die Lebensäußerungen dieselbe Ableitbarkeit gefordert werden wie für die Organe selbst.

Versuchen wir nun aber die Tierstimmen voneinander abzuleiten, so gelangen wir in eine recht peinliche Lage; denn nirgends läßt sich ein ununterbrochenes Band der Stimmentwicklung vom Niederen zum Höheren nachweisen, erst recht nicht, wenn wir die Organe der Stimmbildung vergleichen wollen. Wir können keine Schrillkanten mit Kehlköpfen gleichstellen (homologisieren), wir können ebensowenig den Gesang der Vögel aus dem Zischen der Reptilien ableiten, noch aber vermögen wir innerhalb der Klasse der Vögel die wundervollen Schläge der Nachtigall vom einfachen Geschilp des Spatzen herzuleiten. Erscheinen auch — im ganzen betrachtet — die Vogelstimmen höher entwickelt als die Zirptöne der Heuschrecken, so kann doch auch wiederum keine Parallele zwischen geistigem Hochstand und Ausbildung der Stimme gezogen werden; denn ein Fisch steht geistig höher als eine Zikade und ist doch mit nur sehr bescheidenen Stimmitteln ausgestattet. Ebenso erreicht mancher Affe niemals die Stimmenmannigfaltigkeit eines Wasserfrosches, und kein Mensch zweifelt daran, daß der Affe ein „höheres" Lebewesen ist. Aber der Affe hat es ja gar nicht „nötig", zu sprechen wie ein Mensch oder zu singen wie eine Nachtigall, selbst wenn sein Kehlkopfbau allerhand Möglichkeiten zuließe, weil er eben nichts zu sprechen und

78

zu singen hat, weil er kein Mensch und auch keine Nachtigall, sondern nur und gar nichts anderes als eben ein Affe ist! Wo es sich in der Natur als notwendig erwies, daß ein Tier verschiedenartige oder doch gut ausgebildete Stimmäußerungen besitze, da ist diese Notwendigkeit, die Anpassung an die Lebensweise des Trägers, verwirklicht worden. „Braucht" ein Tier für seine Entwicklung und deren Entfaltungsmöglichkeit z. B. ein buntes Kleid, so wird es auf Grund des innerhalb einer Art oder Klasse vorhandenen Materials eben ausgebildet, gleichgültig, ob dabei nun Pigmente oder Guanine verwendet werden, ob die Farbträger in Haare, Federn oder Schuppen einwandern, ob die Farbe Blau durch Struktur oder Fettfarbe bewirkt wird: das Endziel, das im höheren Plan bereits gesteckt ist, wird doch erreicht!

Wenn ein Organ im Lauf der Stammesgeschichte einer anderen Lebensweise angepaßt werden soll, so geschieht das durch oft lange Zeit in Anspruch nehmende Erbschritte (Mutationen), die eine bestimmte Richtung innehalten. Die Stimme hingegen braucht sich nicht notwendig und immer langsam entwickelt zu haben, sondern trat dort, wo sie im Rahmen des betreffenden Bauplanes nötig erschien, einfach auf. Nur diesen groben Rahmen können wir jeweils auf seinen Inhalt hin vergleichen und stammesgeschichtlich untersuchen. Nicht aber wird es gelingen, eine Entwicklung der Stimme durch das ganze Tierreich in irgendeiner Form zu verfolgen. Singvögel können wir miteinander vergleichen und innerhalb dieser Gruppe nach Entwicklung fragen. Wir können fragen, ob und inwieweit die natürliche Auslese gerade diese und jene Lautäußerung innerhalb einer Ordnung herausgezüchtet hat, aber wir dürfen nicht fragen, warum die Zikaden trommeln und die Grillen geigen, noch dürfen wir beides voneinander abzuleiten versuchen. Sehr wohl hingegen darf man den Gesang der Wacholderdrossel mit dem der Singdrossel vergleichen wollen. Dabei wird man feststellen, daß die letztere über einen erheblich „besseren" Gesang verfügt als die andere. Das zeigt aber keineswegs, daß die Singdrossel höher entwickelt ist, sondern weist einzig und allein darauf hin, daß für das Leben der geselligen Wacholderdrossel die Herausbildung (Differenzierung) ihres Gesangs nicht so notwendig erscheint wie für die Singdrossel, die ihren Platz damit behaupten soll. Beide Arten aber greifen auf eine gleiche Gesangsgrundlage zurück, die allein schon im gleichen Kehlkopfbau gegeben ist.

Wenn wir weiterhin im Schrifttum lesen, daß sich aus den primitiven Rufformen die zusammengesetzteren Gesänge ableiten lassen, so müssen wir dem doch entgegenhalten, daß man ja nicht Rufe und Gesang ohne weiteres vergleichen darf; denn beides sind grundsätzlich verschiedene Dinge, sie kennzeichnen zwei ganz unvergleichliche Pläne. Der Ruf steht vielmehr im Dienst des Körperlichen, er ist gewissermaßen ein hörbares Körpermerkmal, während der Gesang als seelische Struktur, wie wir noch sehen werden, weitgehend vom Artcharakter abweichen kann, wenn sich dafür die biologische Notwendigkeit ergibt. Nun sind freilich bei Heuschrecken und Grillen Ruf und Gesang eins. Man darf aber daraus nicht schließen, daß sich aus Rufen der Gesang entwickelt hat, sondern kann nur sagen, daß die stimmlichen Ausdrücke der Grillen eben die Feinentwicklung, die Unterscheidung von Ruf und Gesang potentiell im rein Gedanklichen noch in sich tragen. Entwicklung ist Entmischung, Ausschöpfen aller Möglichkeiten, die aber von vornherein gegeben sind, wenn nicht materiell, so doch im Entwicklungsplan. Und nur diesen Plan können wir erkennen, wenn wir Reihen aufstellen, die ohne Unterbrechung zu einem bestimmten Ziel zu führen scheinen. Wie E. Dacqué erkannt hat, ist ja in Wirklichkeit, d. h. im Körperlichen, Realen, der Stamm irgendeines Stammbaums gar nicht vorhanden; wir sehen nur die wirklichen Formenkreise (Kleinschmidt), die allein richtige Verwandtschaftsgruppen darstellen, und können lediglich gedanklich die Brücke zu anderen Formenkreisen schlagen. Sicherlich werden auch die verschiedenen Formenkreise miteinander körperlich verknüpft sein; denn wir glauben nicht an eine ständige unvorbereitete Neubildung, aber wir erkennen immer wieder, daß sich die Möglichkeiten eines Formenkreises erschöpfen und daß nicht aus einem Endglied etwas ganz Neues entstehen kann, sondern daß die Typen (Grundtypen Dacqués), höchstens formal an ein Glied eines anderen Formenkreises anschließend, doch eine völlig neue Idee verkörpern.

Ist die Entwicklung des Körpers eben weitgehend an die

80

stoffliche Grundlage gefeſſelt, weil ja doch neue Formen nur durch Zeugung aus alten entſtehen können, ſo gilt dies ungleich weniger für die Entwicklung der Stimmen. Sie ſind der Trägheit ſtofflicher Umwandlung (was ſpielt dabei alles eine Rolle: Mutation, Selektion uſw.!) nur innerhalb eines groben Rahmens unterworfen. Ein Stimmapparat des Vogels kann die mannigfaltigſten Laute hervorbringen. Aber ſelbſt inner- halb engerer Ähnlichkeitsgruppen, wie z. B. innerhalb von Ordnungen oder gar Familien, ja ſelbſt bei den Geſchlechtern einer Art oder Raſſe, erſcheint die ſtoffliche Grundlage der Stimmgebung als gar nicht ſo „traditionsgebunden“. Wir kennen innerhalb der Hühner eine Reihe von Formen mit Luftröhrenſchlingen zur Erzeugung ſchmetternder Laute, wäh- rend andere Verwandte nicht eine Andeutung (auch kein Rudiment) derartiger, oft hochkomplizierter Bildungen zeigen. Die Männchen mancher Enten beſitzen eine eigenartige Trom- mel, die den Weibchen, die eben dieſe Stimme nicht brauchen, fehlt. Es iſt unſeres Erachtens verfehlt, die ſtoffliche Grund- lage als gegeben hinzunehmen und daraus die Möglichkeiten der Organleiſtungen erkennen zu wollen, vielmehr ſcheint es uns, als ſei die Idee von vornherein vorhanden und als richte ſich nach dieſer die Lebensäußerung, z. B. die Stimme, für die eben dann unter Umſtänden eine gewaltige, die Familien- tradition mißachtende anatomiſche Bildung erforderlich werden kann. „Der Geiſt iſt's, der den Körper baut“, nicht aber um- gekehrt! Es iſt ſelbſtverſtändlich, daß trotzdem die Formen dort an die vorhergehenden ſtofflichen Grundlagen anſchließen, wo dieſes eben „nicht ſtört“ und möglich iſt. Das Geſetz der „Träg- heit“ organiſcher Bildungen iſt es ja gerade, was der Ab- ſtammungslehre ihr geſamtes Material in die Hand gibt. Erſt wenn der Unterſuchende auf weniger ſtofflich gebundene Lebens- merkmale ſtößt, vermag er einen Einblick zu gewinnen in die ſchöpferiſche Gestaltungsarbeit, die vor den Körper ſeine Idee ſetzt wie der Architekt, der nicht aus den zufälligen Abweichungen eines Hausbaues ſeine Pläne aufbaut, ſondern der zielbewußt — formal ans Alte anſchließend — ſeine Idee bis zum letzten durcharbeitet und dann erſt an Hand dieſes Planes das Haus entſtehen läßt. Schöpferarbeit kann nie anders vor ſich gehen, weshalb ſoll die größte und erhabenſte Schöpfung — die Natur

— andere Wege beschreiten als die, die sie uns selbst zur freien Verfügung auf den Lebensweg mitgegeben hat?

Grundideen der tierischen Lautgebung und ihr Verwirklichungsbereich.

Innerhalb des großen Reiches der Töne stehen die Einzeltypen, z. B. das Grillenzirpen, das Singen der Vögel und Röhren der Hirsche, das Bellen und Brüllen wieder unter großen leitenden Ideen: Geschlechtsanlockung, Balz, Verständigung, Abladen von Kräfteüberschuß usw. Jeder Typ stellt einen in sich geschlossenen Bauplan dar, der vom anderen nicht abgeleitet werden kann. Der spezialisierte Paarungsruf ist ebenso Erfüllungsschritt eines Planes wie der Platzbehauptungsgesang oder ein Daseinslaut ohne engere Bedeutung. Von einem differenzierten Endzustand kann sich aber nur scheinbar etwas ableiten, indem es den alten Formstil, der recht eigentlich seine Grundlage im trägen organischen Material hat, bewahrt. Wenn der Grünfink seinen Gesang scheinbar aus den Lockrufen (dem klingelnden „gügügügüg") aufbaut, so beweist das keineswegs, daß der Gesang sich bei ihm (und sogar bei allen Vögeln, wie man es immer wieder liest) aus den Lockrufen einstmals aufgebaut hat, aus ihnen entstanden ist. Wir können doch lediglich feststellen, daß zum Gesang (der ja schon durch seine Kennzeichnung und Unterscheidbarkeit auf die besondere Idee im Gegensatz zum Lockton hinweist) dieselben Bauelemente Verwendung fanden, die auch die Rufe zusammensetzen. Ob gegenüber dem Grünfinken der Buchfink einen „höher" entwickelten Gesang hat, weil er eben nicht auf den Lockrufen fußt, ist eine ganz andere Frage, vor deren Klärung erst einmal bewiesen werden muß, daß man bei verschiedenen Gesängen tatsächlich von „höher" und „primitiver" sprechen kann. Außerdem wissen wir nichts darüber, ob sich aus dem Grünfinkengesang oder aus einem ähnlich aufgebauten Lied der Buchfinkenschlag entwickelte — und das fordert ja gerade derjenige, der Stammesreihen aufstellen möchte und dabei eben doch übersieht, daß wir nur Stufenreihen gesteigerter Gestalten zu konstruieren vermögen. In Weiterführung der Idee des Singens mag sich an die Schilp-

82

folgen und Grünfinkliedchen der Buchfinkenschlag oder die Nachtigallenweise reihen, aber die wirkliche, reale Verwandtschaft und stoffliche Ableitbarkeit dieser drei Gesänge voneinander wird durch nichts bewiesen, ja kann, wie die Dinge nun einmal liegen, auch niemals bewiesen werden. Die klare Scheidung zwischen Stufenfolge und Ahnenreihe ist deshalb erforderlich, weil man die scheinbaren Ahnenreihen, die in Wirklichkeit meistens nur Anpassungsreihen darstellen, allzu leicht und zu gern mit einem Werturteil verbindet, indem primitiv gleich unfertig, abgeleitet gleich vollendet gesetzt wird. Nichts ist aber unbiologischer, als von noch nicht ausgebildeten Formen, Gesängen usw. zu reden, weil jedes Tier seinem Lebensraum und seiner Lebensweise völlig und ideal (Uexkuell) angepaßt ist. Wenn man behauptet, das Teichhuhn befände sich auf dem Entwicklungsweg vom Landvogel zum Wasservogel, so ist das ein Trugschluß; denn nicht das Teichhuhn verkörpert einen Übergang, sondern der Lebensraum des Sumpfes, den es bewohnt, ist ein Übergang von Land und Wasser. Diesem Lebensraum aber ist der Vogel ideal angepaßt und bleibt es so lange, bis er auf seine eigene Art „verzichtet", wozu er aber keine Veranlassung hat. Wenn aber — in Weiterführung der Idee, innerhalb der Rallen land-, sumpf- und wasserangepaßte Formen zu schaffen, die den Lebensraum weitgehend ausnützen können — an einer neuen Art, die formal an die alte anschließen kann, ein weiterer Entwicklungsschritt verwirklicht wird, wenn das Bleßhuhn z. B. seine Zehen mit Schwimmhäuten bewehrt und sich dem Wasserleben anpaßt, dann ist das eben eine neue Idee, und der Träger dieser neuen Idee ist von vornherein auf seine Aufgabe gemünzt. — So wie es also keine besser und schlechter spezialisierten Formen gibt, so gibt es auch keine besseren und schlechteren Gesänge, denn jeder Gesang erfüllt seine Idee. Wie sich der Gesang nicht von der prinzipiell gleichen Schaubalz ableiten läßt, sondern nur über die gemeinsame Idee verstanden werden kann, so wird sich auch ein „unvollendeter" Gesang nicht direkt in einen vollendeten umbilden können.

Aus diesen Betrachtungen erhellt schon, daß wir streng genommen nur ideengleiche Lautäußerungen vergleichen können. Rufe und Rufe, Gesänge und Gesänge. Aber auch hier zeigt es sich, daß durchaus nicht so leicht entschieden werden kann, ob denn bei der einen Art der Gesang die gleiche Bedeutung wie bei der anderen hat. Wegen dieser Schwierigkeiten beschränken wir uns besser nur auf „verwandte" Vögel, also auf solche, die sich ohne Mühe auf einen einheitlichen Grundtyp zurückführen lassen, z. B. auf die Art oder aber unter Umständen auch auf die Gattung.

Aus der Fülle der Beispiele greifen wir nur wenige heraus: Die Ammern, die bei uns brüten, haben einen aus mehreren, gestoßenen Tönen bestehenden Gesang. Meist sind die ersten Silben höher als die letzten, auf die ein besonderer „Wert" gelegt wird. Bekannt genug ist die mit „Wie wie wie hab ich dich lieb!" übersetzte Goldammerstrophe. Das „Lieb" liegt tiefer und wird abgesetzt. Darauf kann noch ein sehr hoher Ton folgen. Mehr „Moll-Charakter" hat der sonst sehr ähnlich aufgebaute Ortolangesang („dsi-dsi-dsi-dsjür-dsjür") und ein rechtes „Strumpfwirkerlied" läßt die ursprünglich steppenbewohnende, heute aber auf Ackerland heimische Grauammer erklingen („zick-zick-zick-zirssssss"). Die „Ammergesänge" (Ammer) weichen also nicht erheblich ab. Freilich lassen sich aber die Abweichungen gleichlaufend mit dem verschiedenen Anspruch auf den Lebensraum begreifen. Der in sandigen Brachländern heimische Ortolan singt im Stil der Heidelerche ein „melancholisch" anmutendes Lied, die Goldammer, ursprünglich Buschsteppenvogel, jetzt überall im Buschland, am Waldrand und an Bahndämmen, hat gegenüber der reinen Steppen(Acker-)bewohnerin Grauammer das belebtere und weniger herbe Landschaftsbild scheinbar mit in ihren Gesang verwoben. Im Stil der Sumpfwiesenvögel (Wiesenstelze) singt die Rohrammer ein vom Ammertyp etwas abweichendes, sehr bescheidenes Liedchen. In den Mittelmeerländern bewohnt die Zippammer zahlreich die buschdurchzogenen Felslandschaften (bei uns auch Weinberge) und läßt hier ihr goldammerähnliches, aber reineres und lauteres, dem landschaftlichen Charakter entsprechend abwechslungsreicheres Lied ertönen. In den einsamen, aber schönen sibirischen Wäldern erschallt der Gesang der Waldammer am schönsten von allen Ammergesängen; er kann getrost wetteifern mit den schönen Strophen anderer Waldvögel.

Auf ein Gattungsschema, das lediglich in verschiedener (oft landschaftlicher) Art abgewandelt wird, lassen sich auch die Rohrsängerlieder zurückführen. Auf dem metronomhaften „karr-karr-kiek-kiek" des Drosselrohrsängers lassen sich die meisten anderen Verwandtengesänge aufbauen. Ein Rohrsänger ist gänzlich zum Gartenvogel geworden und singt auch „dementsprechend" „gartenmäßiger": der Gelbspötter. Seine engeren, nicht im Parkwald heimischen Vettern bringen es oft nicht allzu weit weg vom üblichen Rohrsängertyp (der Ölbaumspötter z. B.). Über die Grasmückengesänge sprachen wir schon; ihnen liegt jedenfalls ein einheitliches Schema zugrunde, aber dieses wird — auch entsprechend der Lebensweise — sehr stark abgewandelt. Die schönsten Gesänge haben die waldbewohnenden Arten (Plattmönch und Gartengrasmücke), während die Dorngrasmücke als Freilandvogel rauher, wiesenschmätzerartiger singt. Da sie einen Balzflug ausführt, zeigt sich das Tierchen aber auch ohne einen auffallenden Gesang deutlich genug. Die Sperbergrasmücke, die der Gartengrasmücke nach dem Gesang zu vergleichen ist, verkürzt die Strophe; auch sie läßt sich beim Singen sehen, während die Waldgrasmücken ähnlich versteckt singen wie die Nachtigall. Von den Piepern, die alle einen ähnlichen Gesang aufweisen, singt wieder der Baumpieper als halber Waldvogel am „seelenvollsten" und gemahnt durch seine „zia-zia"-Strophe sogar an die Nachtigall. — Recht ähnlich sind sich die heimischen Arten der Laubsänger. Alle vier haben einen außerordentlich ähnlichen Lockruf, aber einen recht unterschiedlichen Gesang. Wir sprachen schon davon, daß Zilpzalps in Spanien wie der Fitis singen. Von einem ursprünglich aus „zipzap..." und „fitisifitisivoidsisi" zusammengesetzten Lied kann sich — aus einer schon erwähnten biologischen Notwendigkeit heraus — beim Zilpzalp nur der „Vorgesang" gehalten haben, mit Ausnahme der Gibraltarvögel, die sich von dem doppelsätzigen Lied den „Überschlag" gewählt haben, den bei uns lediglich der Fitis „gepachtet" zu haben scheint. Vielleicht war nach der Differenzierung der Gesänge beider ursprünglich möglicherweise nur rassisch verschiedenen Vögel die Artkonstanz erst gesichert. Interessanterweise besitzt der auf den Kanarischen Inseln heimische Zilpzalp (canariensis) einen Gesang, in dem man leicht „Vorstrophe" und „Überschlag" unterscheiden kann. Diese Rasse (Rassen einer Vogelart können verschiedenartig singen!) beginnt mit einem „zilp-zalp"-ähnlichen, aber gezogeneren „diep-diep-diep", das man mit dem „dilm-delm..." unseres Zilpzalps vergleichen kann. Dann wird der zweite Liedteil aus einem in der Klangfarbe ans Fitislied gemahnenden Flötenschlag, der auch am Schluß etwas absinkt, gebildet. Diese Rasse hat also anscheinend den „urtümlichen" Doppelgesang nicht dadurch verändert, daß sie nur die Vorstrophe oder nur den Überschlag beibehielt, sondern indem sie beide Gesangsteile abänderte. Bei der großen Ähnlichkeit aller Laubsänger und bei deren gleicher Lebensweise (in Bäumen) muß das Studium des Gesanges besonders wichtig und aufschlußreich erscheinen. Nicht selten sind rassisch nicht einmal verschiedene Vogelbevölkerungen im Gesang himmelweit unterschieden, wie die Weindrosseln Jämtlands und Almbys (Schweden). Aus solchen Dialektunterschieden kann sich sehr wohl eine zur artlichen Spaltung führende Trennung herangebildet haben, da doch gerade der Gesang für die Fortpflanzung so wichtig ist. Über die Frage, ob Fitis und Zilpzalp in einen Verwandtschaftskreis (eine Realgattung) gehören, dürfen wir allerdings nicht streiten; heute haben wir hierfür keine genügenden Beweismittel für oder gegen diese Ansicht. Die Gesänge von Wald- und Berglaubsänger ähneln sich viel mehr als die der anderen beiden, sie bauen sich auf einen Roller auf, der beim Waldlaubsänger noch eine Einleitung besitzt, beim Berglaubvogel aber als einziger Gesangsbestandteil mehr ausgekostet und verlangsamt wird. Ähnlich wie bei den Laubsängern mag der Fall auch bei den beiden Baumläufern liegen, deren recht verschiedenartige Gesänge häufig ausgetauscht werden (Mischsänger!). Der Waldbaumläufer setzt zur Unterscheidung des Liedes vom Hausbaumläufer an den Schluß seiner Strophe einen Triller, gleichsam einen „Überschlag". Ob freilich die beiden Baumläufer zu einem Formenkreis zu stellen sind, muß doch sehr fraglich bleiben. Überhaupt weiß man ja nirgends genau, ob es sich nicht nur um zufällige, durch die gleichen Lebensbedingungen hervorgerufene Ähnlichkeiten (Konvergenzen) handelt (wie wohl auch bei den Laubsängern) oder um wirkliche Verwandtschaft. Hierauf kommen wir noch zu sprechen.

86

Im Gegensatz zu den erblich nur roh, im einzelnen aber nicht fixierten (und deshalb so rasch wandelbaren, wenn auch arttreuen) Gesängen ist die Wahrscheinlichkeit, daß sich einzelne Rufe, die erblich festgelegt sind, auf Verwandtschaftsähnlichkeit erfolgreich untersuchen lassen können, größer. Wie wir schon sagten, stellen diese vielfach geradezu Artmerkmale dar (wie Färbung, Zehenbildung usw. im Reich des Sichtbaren) und haben nichts mit dem Geschlecht zu tun. Man darf behaupten, daß sich die Rufe der Vögel auch dann unterscheiden lassen, wenn man eben überhaupt Arten erkennen kann, und zwar ist die Ähnlichkeit der Rufe etwa proportional der morphologischen Ähnlichkeit der Arten. So verschieden die Laubsängergesänge waren, so sehr ähneln sich die Rufe, genau wie die Färbung und Form dieser kleinen Vögel. Auch die Grasmücken haben die schnalzenden Ruflaute gemein, und nur die Dorngrasmücke, die ja auch sonst etwas abweichend gestaltet ist, läßt einen Laut vernehmen, der wie „gschäh" klingt und etwas gedämpfter herauskommt als ein recht ähnlicher Laut des im gleichen Gebiet brütenden und mit einem ähnlichen Farbmuster ausgestatteten Rotrückenwürgers. Mit jenem „gschäh" ist vielleicht auch das „tscherr" der Sperbergrasmücke zu vergleichen, die diesen Laut überdies gern an den Gesang anknüpft. Die Rufe des Gelbspötters können geradezu als Merkmal für dessen Rohrsängerverwandtschaft angesehen werden. So verschiedenartig wie die Gesänge sind die Ruflaute der Drosseln nicht. Etwa entsprechend ihrer äußeren Ähnlichkeit werden die einzelnen Rufe abgewandelt. In den Warnlauten finden wir die größten Übereinstimmungen. Das gedämpfte „djug" der Amsel ist wohl mit dem „tschacktschack" der Wacholderdrossel und dem „tscheck-tscheck" der Ringdrossel zu vergleichen, wenn auch die Sinnbedeutung verschoben wird. Daß homologe, im Bauplan übereinstimmende Rufe sich nahestehender Vögel einen verschiedenen Sinn haben können, muß man als sicher annehmen. Das Beispiel der Finkenvögel soll es zeigen:

Der Buchfink verfügt über folgende wichtigsten Lautäußerungen: 1. perlender, frischer Schlag (Hauptgesang), 2. pink, pink (Daseinsruf?), 3. güb, güb (Stimmfühlungslaut, fast nur im Fluge ausgestoßen), 4. füit (fast wie Rotschwanz. Bedeutung?), 5. tjrühf, das sog. Rulschen (Stimmungslaut, auch Wetterruf). Ferner noch zirpende u. a. Laute, die bei der Paarung geäußert werden.

Beim Bergfinken, seinem nächsten Verwandten, kenne ich nicht alle Rufe, da er nur als Gast in Deutschland erscheint. Sein Gesang weicht vom Buchfinkenschlag wesentlich ab, seine gewöhnliche Stimme ist ein gwäg oder quäh; vielleicht ist es mit dem pink verwandt, das oft recht gepreßt herauskommt. Das Quäken ist hauptsächlich Stimmfühlungslaut.

Der Grünfink: 1. aus Klingelreihen zusammengesetzter, „gemütlicher" Gesang, der mit dem des Buchfinken nicht die geringste Ähnlichkeit hat. 2. Ein leise auf-, dann abwärts gleitender Kreischlaut, das sog. Schwunschen. Dieses hat zweifellos Formverwandtschaft mit dem Rülschen des Buchfinken, wird aber keineswegs nur bei bestimmten Gelegenheiten ausgestoßen, sondern entspringt einer behaglichen (?) Stimmung und spielt beim Lied eine große, gesangbildende Rolle, ja, kann als Sonderlied gewertet werden, da sich der Vogel dazu in „Positur" setzt. 3. Gereihte gügügüg. Diese Rufe werden auch vereinzelt und ausgekosteter (gjüg) ausgestoßen. Es handelt sich hier, besonders bei den Rufreihen, die auch im Flug zu hören sind, um Stimmfühlungslaute, die zweifellos mit dem güb des Buchfinken homolog sind. Darüber hinaus bilden diese Rufe einen wesentlichen Bestandteil des Gesangs. Beim lautärmeren Grünfinken sind also wohl alle Rufe in ihrer Bedeutung etwas weiter. 4. Fragend aufwärts gezogenes schwoin (Daseinsruf, dem süit vergleichbar oder ein gedehntes pink?).

Beim Hänfling, der mit dem Grünfinken in nahem Verhältnis steht, finden wir einen sehr schönen metallischen Gesang, der entfernte Ähnlichkeit mit dem des Grünfinken hat. Auffällige Übereinstimmung mit dem güb des Buchfinken und dem gügüg des Grünfinken zeigen metallische gigigig-Touren, die — als Stimmfühlungslaute — ganz besonders im Flug ausgerufen werden. Auch aufwärts gezogene, fragende, sehr nett klingende Rufe stimmen mit denen des Grünfinken überein.

Schließlich die Kreuzschnäbel: Bei ihnen ersetzt das kip kip in ihrer Bedeutung sowohl das pink als auch das güb usw., ist aber nur mit letzterem homolog. Gerade diese Rufe haben auch Gimpel und Schneefink sowie andere Arten in veränderter Form als den gewöhnlichen Ruflaut.

So sehen wir zugleich, daß gewisse Artrufe durch sogar ziemlich weite „Verwandtschaftsgruppen" (Familien!) zu verfolgen sind. Sie werden hin und wieder „benützt", um eine engere oder weitere Verwendung zu finden, besitzen aber im übrigen eine ähnliche Bedeutung. Anders ist es bei den mehr als Stimmungs- oder Daseinslauten anzusprechenden Tongebilden, die ihrem Sinngehalt nach verschieden sein können, auch wenn sie mit großer Wahrscheinlichkeit im Bau bei verschiedenen Vögeln homolog sind. Sind Gesang, Stimmungs- und Kennrufe auch allesamt Arteigenschaften, so scheinen uns diejenigen Lautäußerungen doch am konstantesten innerhalb einer Verwandtschaftsgruppe, die gleichsam ein körperliches Merkmal vertreten und nicht weitgehend seelischer Ausdruck

sind. Oder anders ausgedrückt: je mehr Lebensimpuls die
Laute offenbaren oder je mehr sie dynamischen Charakter
tragen, desto unabhängiger sind sie von der körperlich-stoff-
lichen Verwandtschaftsüberlieferung. Kennrufe dagegen sind
mehr oder weniger statischen Charakters, „Ornamente", und
betonen die Körperlichkeit. Stimmungsrufe veranschaulichen
das dynamische Lebensgefühl der Art, sind Betonungen ihrer
dynamischen Struktur und insofern mit dem Gesang zu vergleichen.

Abstammungsreihen innerhalb der Vogelrufe und Gesänge
nachzuweisen, gelingt uns nicht. Aber auch die Stufenfolgen
erscheinen nicht immer eindeutig; denn wie schwer ist es, stimmliche Konvergenzen als solche zu erkennen! Gerade innerhalb
der anatomisch, wenigstens in bezug auf den Kehlkopfbau weitgehend übereinstimmenden Singvögel ist es schwer, zwischen
analogen und homologen Rufbauplänen zu unterscheiden.
Typisch konvergente Rufe finden sich nicht so häufig wie konvergente Gesänge, wo ja auch noch die Möglichkeit der Nachahmung die Sachlage verdunkeln kann. Ein „Spotten" (Nachahmen) im Rufen ist noch nicht beobachtet worden, wenigstens
beziehen sich vermeintliche gegenteilige Beobachtungen nie
auf die eigentlichen Kernrufe. Wenn der Eisvogel das gleiche
„Tit" zu bringen scheint, wie der Hausbaumläufer, so liegt
hier eine völlig oberflächliche Tonähnlichkeit vor. Wirkliche
Konvergenz kann überhaupt nur dann angenommen werden,
wenn die Rufe morphologisch nicht näher verwandter Arten
annähernd den gleichen Sinn fürs Leben haben. Wollten wir
nämlich alle ähnlichen Tongebilde im Vogelreich Konvergenzen
nennen, so fehlte oft das Kennzeichen gleicher Funktion, das
ja für den Begriff der morphologischen Konvergenz unentbehr-
licher Bestandteil ist. Inwieweit aber nun bei Rufen innerhalb von Verwandtschaftsgruppen wieder Konvergenzen auftreten, können wir nicht leicht entscheiden; denn wir haben
keine Mittel, z. B. für die genannten Stimmfühlungslaute
(„güb" usw.) wirkliche Verwandtschaft oder eben Konvergenz
nachzuweisen.

Was nun die verschiedenartige, mehr und mehr von einem
gegebenen Grundtyp abweichende Ausbildung der Stimmen
anbelangt, so können wir uns von den Umbildungs- und Ent-

wicklungsvorgängen schwer eine Vorstellung machen. Wie sollte sich z. B. der Artruf verändern, wenn aus einer Art eine neue entstünde? Am Körperlichen können wir wohl Mutationen und gerichtete Erbänderungsschritte wahrnehmen und zur Grundlage der Artumwandlung machen, aber Mutationen der Rufe kennen wir nicht oder haben doch keine Möglichkeit, von solchen zu reden. Mit schrittweisen Veränderungen des Syrinx- oder Luftröhrenbaues ist die Sache nicht erklärt, denn gleichgebaute Syringes können einer ganz verschiedenartigen Lautbildung zugrunde liegen und umgekehrt. Die Selektion setzt immer Variabilität voraus; Rufe aber sind gerade sehr formkonstant! So müssen wir annehmen, daß bereits bei der Artbildung aus geographischen Rassen (die von vielen Forschern angenommen wird) die Umbildung der Rufe gleichbedeutend sein kann mit dem Auftreten einer neuen Idee. Wie im Körperlichen manifestiert sich diese neue Idee auch nicht ganz unvorbereitet, sondern schließt formal gern an das Vorhergehende an. Trotz der Homologie der Stofflichkeit bei nahe verwandten und vielleicht erst jüngst geschiedenen Arten kündet der umgestaltete Ruf von einem neuen Gedankenplan, wenn auch der träge Körper sonst noch nicht gleichlaufend abändert. Wir sagten, daß im allgemeinen die morphologische Ähnlichkeit mit der Ähnlichkeit der Kennrufe einhergeht. Soll nun ein neuer Formenkreis aus einem anderen dadurch entstehen, daß sich die Idee zunächst in einem Glied des Ausgangskreises manifestiert, so kann eine scheinbar mit der anderen kontinuierlich verbundene Rasse des Formenkreises zum Träger der neuen Artidee werden und unter Umständen einen recht abweichenden Ruf zeigen, der eine viel größere Lücke andeutet, als die äußere Ähnlichkeit des Tieres vermuten läßt. Der Zilpzalp bildet z. B. im Nordosten grauere Rassen aus, die unmittelbar an die westlichen anschließen und wirkliche geographische Rassen darstellen. Ich nenne folgende Reihe: mitteleuropäischer Zilpzalp — ostpreußischer Zilpzalp — sibirischer Zilpzalp (collybita — abietinus — tristis). Abietinus ist etwas grauer und lichter als collybita, tristis wiederum grauer und deutlich mit rostfarbigen, nicht grünlichen Tönen gemischt. Während ostpreußischer und mitteldeutscher Zilpzalp den gleichen Flügelbau aufweisen, zeigt der Sibirier

90

bereits eine nicht unerhebliche Abweichung. Trotzdem gilt er wegen seiner geographischen Vertretung und sonstigen Ähnlichkeit als Rasse des Formenkreises Phylloscopus collybita. Nun die Rufe: Mitteldeutscher und Ostpreuße sind am Ruf nicht zu unterscheiden, sie rufen beide ein zartes „hüid", ganz anders ruft der Sibirier, nach Hartert gänzlich unlaubsängerhaft „piak". Darnach könnten wir in tristis bereits eine neue Art vermuten, was aber die Systematik noch nicht zugeben kann. Glauben wir jedoch, daß sich in tristis bereits eine neue Artidee manifestiert und daß sich der körperfreiere Ruf als erster Künder dieser neuen Idee verstehen läßt, so könnten wir hier die Entstehung neuer Arten aus scheinbar lückenlos verbundenen, völlig gleichartigen Rassen wirklich im Keimesstadium beobachten. Vielleicht schlägt tristis mit der Zeit eine ganz andere Entwicklung ein, die ihm keine Mischung mehr gestattet und infolgedessen eine Ausbreitung (wenn nötig) auch ins Gebiet der anderen Zilpzalps gestattete. So kann es sein, daß sich aus einer Rassenreihe ein Glied löst, um Träger einer neuen Artidee zu werden. Freilich wollen wir nicht behaupten, daß die Stimme sich immer als erstes abändern muß, wenn es sich um beginnende Artbildung handelt; vielleicht sind hier noch wesentliche biologische Faktoren im Spiel, die wir gar nicht leicht erkennen.

Dort, wo innerhalb einer Rassenkette solche „Interferenzen" zwischen Körper und Kennruf bestehen, können wir den Verdacht schöpfen, daß hier Entwicklungsvorgänge, junge Umbildungen vorliegen. Eine andere Frage ist natürlich die, in welcher Richtung diese Umbildungen gehen. Ob sie — wie beim Gesang, der weniger „ornamentalen", körperbetonenden Charakter hat, im Stil der Landschaft (s. u.) sich entwickeln oder ob sie sich mehr oder weniger zufällig formen, kann nicht immer beantwortet werden. Wenn ein Laubsänger äußerlich einem Goldhähnchen ähnlich sieht wie der Goldhähnchenlaubsänger, so beobachten wir, daß dieser Vogel vom Schema seines Artrufes ebenfalls in „Goldhähnchenrichtung" abweicht. Stimmliche und morphologische Konvergenz können parallel gehen.

Bedeutend einfacher ist die rassische Abänderung eines Rufes dann zu erklären, wenn es sich bei beiden zur Untersuchung vorliegenden Rassen hauptsächlich um Größenunterschiede handelt. Züchten wir aus einem Jagdhund einen Dackel oder entsteht dieser vielmehr plötzlich durch einen Mutationsschritt, so bellt dieser kleine Dackel viel höher als der größere Jagdhund. Der vom Haushuhn gezüchtete Zwerghahn kräht höher und kläglicher als ein großer Hahn, weil das kürzere Ansatzrohr beim kleinen Tier eben den Klang erhöht (vgl. auch den Unterschied in den Stimmen junger und alter Tiere!). Ähnlich kann auch die Verschiedenheit der Stimme bei natürlichen Rassen zu verstehen sein. Die beiden zu einem Formenkreis gehörenden Kreuzschnäbel, der Fichten- und der Kieferkreuzschnabel, unterscheiden sich z. B. entsprechend ihrer Größe nur durch verschiedene Tiefe des Locktons („kip"). Dagegen läßt sich das jenem „kip" oder „köp" homologe „güb" des Buchfinken nicht einfach durch Verschiedenheit des Ansatzrohres erklären. Es scheinen hier eben überhaupt andere Formprinzipien zu walten. Die Größenverschiedenheit läßt sich jedenfalls als Unterscheidungsmerkmal für die Stimme nur dann anführen, wenn es sich um sehr nah verwandte, rassisch getrennte Tiere handelt. So erscheint es uns auch nicht als ein Widerspruch, wenn der Zaunkönig lauter singt als das fast doppelt so große Rotkehlchen. Selbst das „Schniggern" des Rotkehlchens und das im Bauplan und der Bedeutung ganz ähnliche Zickern" des Zaunkönigs, welches viel lauter und schärfer klingt, lassen sich nicht vergleichen wie Hahn- und Zwerghahnstimme, weil eben Rotkehlchen und Zaunkönig zwei nicht rassisch verschiedene Formen sind. Wir haben hier lediglich formale Ähnlichkeiten vor uns, die außerdem noch eine gleiche, ökologische Grundlage haben, von diesem Gesichtspunkt aus betrachtet also als Konvergenzen erscheinen. Natürlich sind Konvergenzen bei nah verwandten Arten von wirklichen Homologien praktisch nicht zu trennen.

Unsere Studien über Stimmenverwandtschaft zeigen uns also, daß nur Rassen, die ganz allein wahrhaft blutsverwandt sind, ohne weiteres auf Stimmenverwandtschaft geprüft werden dürfen. Wenn sich Arten aus Rassen formal entwickeln, dann handelt es sich hierbei um die Verwirklichung einer neuen Idee, deren Manifestation in ihrem notwendig ganzheitlichen Charakter nicht sofort das ideale Endstadium erreichen kann,

92

sondern in körperlich-stofflich ans „Woher“ gebundenen Entwicklungsschritten in Form immer unähnlicher und spezialisierter (Lebensweise!) werdender Gestalten auftritt. Die Entwicklung knüpft bei der Artbildung aus Rassen immer an die Charaktere der Ausgangsrasse an, ja sie muß es, weil die Trägheit des Stofflichen sich nicht überwinden läßt. Hierauf fußt die Formverwandtschaft der Arten. Durch diese ist natürlich noch keine in der Idee verwandte Gemeinschaftlichkeit ausgedrückt, obgleich praktisch Formverwandtschaft der wirklichen Verwandtschaft gleichen kann. Die Art oder der Rassenkreis (Formenkreis, Realgattung), eine durch wirklich vorhandene Glieder gestellte Verwandtschaftseinheit, kann sich nach unserer Ansicht so zu einer anderen Art entwickeln, indem eine oder mehrere Rassen dieser Ausgangsart zum Träger der neuen Artidee werden. Rassen einer Art sind an sich noch keine neuen Ideenträger, sondern lediglich Anpassungsformen, ja geradezu Spezialorgane der Art. Sie können sich von sich aus nicht weiterbilden, haben dazu auch gar keinen Drang in sich, weil sie schon anpassungsgerechte Spezialformen sind. Jung entstandene Arten, wie z. B. der Sprosser aus dem Verwandtschaftskreis der Nachtigall, sind zunächst immer rassisch ungegliedert. Wo die Art sich weite Gebiete erobern will, muß sie sich diesen gemäß geographisch und ökologisch anpassen, also Rassen bilden. Die Rassen erfüllen lediglich die Idee der Art selbst. Sie können dementsprechend nicht neue Pläne verwirklichen, sondern nur den Art- oder Arttypenplan anpassungsgemäß verkörpern. Ganz anders ist es aber nun, wenn sich „aus einer solchen Rasse eine neue Art bilden“ soll; dann wird die Rasse der Art I zum ersten Träger der Artidee II und stellt sich somit in ihrer Körperlichkeit nicht mehr in den Spezialisierungsdienst der ersten Art, sondern kämpft bereits für die „Fahne“ der neuen Art. Damit aber entfernt sie sich von der Idee der alten Art, obgleich sie ihr im Formstil häufig treu bleibt. Das Bewahren des Formstils ist nichts anderes als ein Ausdruck für die Tatsache, daß sich nichts Neues bilden kann, ohne völlig angepaßt zu sein. Das Neue kann also nur auf erprobte Anpassungsformen wieder aufbauen und die gegebene Idee so ganz allmählich erfüllen.

Herausbildung und Veränderung der Tierstimme durch Beschränkung der Verwirklichungsmöglichkeiten im Sinne einer Stilerfüllung.

Die Konstanz der Merkmale während langer Zeitläufte beruht auf der Tatsache der Vererbung. Soll sich eine Wandlung vollziehen — wie bei der Artbildung —, so müssen sich die Merkmale in andere verwandeln bzw. wegfallen oder durch neue ersetzt werden. Eine Festigung solcher neuen Merkmale kann nur auf erblicher Grundlage geschehen.

Da — wie wir sahen — die Kennrufe der Art als hörbare Artmerkmale zu werten sind, müßten sie eine genische Grundlage haben, d. h. irgendwie als Erbfaktor von Generation zu Generation weitergegeben werden, falls nicht der Artruf erlernt wird. Wir wissen heute, daß isoliert aus dem Ei aufgezogene Vögel ihren charakteristischen Lockruf meist ebenso besitzen wie ihre Nestlingsrufe (Futterreaktionslaute, Hungerlaute), die schließlich das erstgeborene Junge auch noch nicht gehört haben kann, weil ja die Eltern den Ruf nie mehr hören lassen. Natürlich kann nun ein Ruf nicht als solcher vererbt werden, weil er ja nur zeitweise am Organismus „abzulaufen" hat; es kann nur eine Reaktionsnorm vererbt werden, so zwar, daß der Vogel bei gewissen seelischen oder äußerlichen Anlässen, evtl. auch in einem bestimmten physiologischen Zeitmaß in einer ganz bestimmten Weise reagiert. Nun kennen wir allerdings den wirklichen inneren und äußeren Anlaß gerade für die Artmerkmalsrufe nicht, aber wir können nicht an einem solchen zweifeln, wenn wir nicht geradezu annehmen wollen, daß der Anlaß immer gegeben ist und nur meistenteils durch andere physiologische oder psychische Zustände gehemmt wird. — Wie die Kennrufe der Vögel so werden auch ihre Interjektionslaute, die Säugetierlaute, das Froschquaken und Grillenzirpen zweifellos vererbt. Grade bei den Interjektionslauten ist der Charakter der Reaktionsnorm-Vererbung deutlich; denn es müssen ja ganz bestimmte Reize vorliegen, auf die so und nicht anders reagiert wird. Bei vielen Säugetieren und vor allem den Vögeln wird jedoch kein „Starrsystem" vererbt, sondern die Möglichkeit, je nach dem Grad der Erregung die Stimme (die in ihrer Grundlage gegeben ist) zu modi-

94

fizieren, genau so, wie es schließlich auch bei sichtbaren Merkmalen der Fall ist, wo ebenfalls ein mehr oder weniger begrenzter Merkmals-Spielraum vorhanden ist.

Bei den Grillen, Heuschrecken, Zikaden und anderen Insekten bezieht sich die als Norm vererbte Reaktionsbreite auf verschiedene Anlässe zugleich, während wir bei Säugetieren und vor allen Vögeln eine Einschränkung der Reaktionsbreite erkennen; es werden sozusagen aus einer einheitlichen Reaktionsnorm mehrere, die für bestimmte Reaktionen in Ablauf treten, herausdifferenziert. Aber — wie wir schon sagten — diese Differenzierung im Laufe der Tierentwicklung ist keine Höherentwicklung, sondern lediglich ein differenzierteres Ausschöpfen der ursprünglich umfassenderen Entwicklungsmöglichkeit (Potenz). Differenzierung[1]) ist eben an sich Auskristallisierung, aber keine Neubildung. Diese Potenzeinschränkung werden wir nun im Großen wie auch im Kleinen immer wieder als wichtiges Entwicklungsprinzip feststellen können; denn auch die verschiedenen Grundtypen (Grundideen), mögen sie nur für ein Urwesen, einen Klassen-, Ordnungs-, Familien-, Gattungs- oder Arttyp gelten, können sich nur durch „Entmischung[2])" des a priori Gegebenen differenzieren, weiterbilden. Auf dieser Erkenntnis fußt ja gerade der geniale Gedanke der Abstammungslehre, wenn diese auch nicht erkennt, daß Grundtypen (als Ideen!) niemals verwirklicht sein können, sondern immer nur in Form von angepaßten Wesen, die dem Grundgedanken noch näher stehen oder sich von ihm bereits in einer Richtung fortentwickelt haben, die ihnen eben durch die Grundidee selbst bereits „eingeboren" war. Viel bewußter und klarer als das Suchen der Abstammungslehre nach Urformen, die als möglichst primitiv gelten konnten, war Goethes Suche nach der Urpflanze, die er in richtiger Erkenntnis sich nicht als völlig einfache Pflanze vorstellte, sondern als eine, die bereits alle später verwirklichten Potenzen in sich trug. Die moderne Entwicklungsphysiologie weist für die Entwicklung des

---

[1]) Hegel sagt: „Die Natur schreitet von großen Gestalten ins Zusammengesetztere, Künstliche, Feine fort, was kurzweg Progression der Schöpfung heißt."

[2]) Gloger sah irrtümlicherweise die „Artbildung" als einen Mischungsprozeß an, nicht als eine Entmischung.

Amphibienkeimes z. B. nach, daß ursprünglich jede Keimes-
hälfte noch die Potenz in sich trägt, einen Ganzkeim hervorzubringen usw., sie kann an allen Organbildungen das Prinzip der Potenzeinschränkung = Differenzierung ablesen. Die
Tierlaute aber, die, wie wir sahen, vererbt werden müssen,
können von diesem grundlegenden Prinzip keine Ausnahme
machen.

Nun müssen wir aber zu unserer Potenzeinschränkung noch
ein weiteres wesentliches Moment der Entwicklung hinzugeben,
das wir mit dem Stichwort „zunehmende Freiheit" einst-
weilen andeuten wollen. Die Potenzen, die einem Insekt z. B.
gegeben sind, sind gewiß dieselben, wie sie schließlich auch ein
„höheres" Wirbeltier besitzt. Z. B. Nestbau, Sorge für die
Jungen, Nahrungserwerb usw. Denken wir an die Sorge für
die Brut: viele Insekten stechen Blätter an, die, durch den Stich
angeregt, Gallen erzeugen, welche weiter nichts sind als nahr-
hafte (d. h. die „Tapeten" sind nahrhaft!) Brutkammern für
die Larven jener Insekten. Eine Wespenart muß ihre Jungen
mit frischer Fleischnahrung versorgen, stirbt aber noch vor dem
Schlüpfen der Kleinen. „Infolgedessen" sticht sie Raupen und
andere Beutetiere an, betäubt und knebelt sie so lange, bis
sie sich willig mitschleppen lassen und legt sie dann im betäubten
Zustand in die Höhle, wo die Jungen sich bald entwickeln werden.
Die alte Wespe stirbt, die Jungen schlüpfen aus und haben
frische Nahrung. Nun kann das betäubte Beutetier freilich durch
Zappeln die Wespenjungen gefährden, aber auch dem ist
Rechnung getragen: die Larven lassen sich nämlich von ihren
an das Höhlendach geklebten Eiern, welche sie soeben verlassen
haben, an einem Faden herab, den sie bei Gefahr ohne weiteres
wieder erklimmen können usw. Wichtig ist nun, daß das Eltern-
tier niemals seine Jungen gesehen hat und die ganze Vor-
bereitung instinktiv trifft. Es muß so handeln, ob es will
oder nicht. Zum Betäuben des Beutetieres ist es wichtig, je
nach der Art dieser Tiere, verschiedene Nervenzentren zu ver-
letzen, einmal muß in die Brust gestochen werden, andermal in
den Kopf. Woher „weiß" das die Wespe? Wir Menschen
würden die Handlungen der Wespen erst nachahmen können,
wenn wir gründliche anatomische Kenntnisse der Beutetiere
hätten! — Bei den Vögeln nun ist auch der Nestbautrieb ziemlich

96

angeboren, jedoch vermögen die Tiere diesen je nach den Verhältnissen etwas anders zu gestalten, das Nest z. B. nicht an der normalen Stelle zu errichten usw., ihr Trieb ist etwas plastischer, läßt schon mehr Spielraum. Bei Menschenaffen kennen wir sogar schon völlig überlegte Handlungen. Wir können das am Werkzeuggebrauch sehen: dieser ist schon bei den Insekten verwirklicht, aber auf Grund reiner Triebhandlungsketten, der Schimpanse vermag dagegen bereits Werkzeuge zu besonderem und neuem Zweck zu verändern oder zu gebrauchen. Der Mensch gar stellt sie sich auf Grund seiner Einsicht und Überlegung her, um fehlende Körperspezialisationen zu ersetzen. Kurz und gut: die Handlungen sind im ganzen Tierreich die gleichen, nur sind sie bei den niederen Tieren unfrei, körperlich angeheftet, erblich als Instinkte verkettet, während sie bei den höheren Tieren zunehmend weniger erbliche Grundlage, damit aber größere Freiheit und Plastizität aufweisen. Je mehr Triebhandlungen aber ein Wesen ausführen muß, desto mehr Triebhandlungs-Erbfaktoren muß es in seinen Chromosomen besitzen. Wenn nun für die vielen, vielen für das Leben eines höheren Tieres und des Menschen wichtigen Handlungen ebenfalls im einzelnen bindende Erbfaktoren bestünden, so wäre die Frage zu erörtern, ob denn überhaupt soviel Erbfaktoren für soviel Einzelhandlungsinstinkte in den räumlich beschränkten Chromosomen Platz haben! Wird nun aber nicht jede einzelne Handlung vererbt, sondern bloß eine gewisse konstitutionelle und geistig-seelische Reaktionsgrundlage, dann ist die Platzfrage gelöst. Der Mensch sorgt für seine Nachkommen mit Überlegung und Bewußtsein, das Tier hingegen reagiert auf ihr Vorhandensein mit mehr oder weniger im ganzen festgelegten Triebhandlungen. Deshalb nun müssen die Menschen in ihrem Leben auch noch viel lernen, denn sie bekommen ja die Fähigkeit zu lernen mit, das Tier hingegen wird um so weniger aus freien Stücken lernen können, je fester und vorbestimmter sein Verhalten in Triebhandlungsketten gefesselt ist.

Was eine Naturseele und ein Naturgeist den Tieren mitgibt und ihnen als Erbeigenschaft in die Wiege legt, das muß sich der Mensch durch seinen eigenen Geist schaffen und das kann er mit eigener Seele erleben und erlebend formen.

Körper, Seele und Geist sind bei den Tieren eine untrennbare Einheit, beim Menschen dagegen etwas Getrenntes. Gewiß, sein Geist entspricht dem Naturgeist, seine Seele der Naturseele, und so formt er sich sein Leben zwar selbst, aber doch in Übereinstimmung mit dem Wollen der Natur.

So wie nun die Potenz zur Nachkommensorge allenthalben in der Idee vorhanden ist und, bald so bald anders beschränkt, verwirklicht wird, bei den Tieren als Triebhandlung, bei den Menschen als freie Handlung erscheint, so ist auch die Potenz der Sprache allenthalben im Lebensreich vorhanden. Bald wird sie durch instinktive, angeborene Laute nach irgendeiner Differenzierungsrichtung hin verwirklicht, bald ist nur eine Grundlage dazu erblich fixiert, und es bleibt eine freizügige Ausgestaltung, wenn auch im Rahmen des Naturwollens. Die Interjektionen sind mehr oder weniger auch beim Menschen vererbte Triebreaktionen. Man findet bei allen Völkern sehr ähnliche Lautgesten und Ausrufe. Die Sprache hingegen ist verschieden differenziert und nie als volle Erbanlage vorhanden. Wie unendlich viele „Antworten" auf wie unendlich viele „Fragen" müßten im Chromosom vorgebildet sein, wenn der Mensch seine Sprache als angeborenes Gut bereits in der Wiege erhielte! Es reichte ja der Platz in einem Chromosom nicht aus! So sind dem Menschen nur gewisse Interjektionen und Willensäußerungen (Säuglings-Sprache!) mit in die Wiege gegeben, seine Sprache aber muß er erlernen. An Stelle der Einzelbestandteile einer Sprache ist dem Menschen erblich mitgegeben eine Fähigkeit, die Sprache zu erlernen. Dabei ist es an sich gleichgültig, ob die Mutter Französisch oder Englisch spricht: das Kind wird eben immer die Muttersprache erlernen können. Ein deutschgeborenes Kind, von polnischen Frauen aufgezogen, würde eben als Muttersprache nicht Deutsch lernen, sondern Polnisch. Eine gewisse Einschränkung der Potenz, Sprachen zu lernen, liegt vielleicht vor, wenn es sich um Erziehung des europäischen Kindes im Kreise einer ziemlich fremden Rasse handelt.

Es ist nun das Erstaunliche, daß im ganzen Tierreich einzig und allein die Vögel ihren Gesang ebenfalls erlernen müssen wie der Mensch seine Sprache. D. h. für den Gesang ist nur eine grobe Erbgrundlage gegeben, aber die Ausgestaltung des einzelnen unterliegt keiner erbfesten Form. Hier wird Erbmasse durch Tradition ersetzt! Eine Einsparung — schließlich nur methodischer Art — an Chromosomenmasse! Die Tradition gewährt einen weitgehend gesicherten Fortbestand in der Zeit, so daß es praktisch das gleiche ist, ob eine Handlung oder ein Merkmal im ganzen triebhaft an den Körper gebunden ist oder ob, von einer ererbten Grundlage aus, die Handlung oder das Merkmal immer wieder neu in jeder Generation erlernt bzw. erworben wird. Das allgemeine Prinzip· der Potenzeinschränkung innerhalb der Gesamtentwicklung erleidet dadurch keinen Riß; denn wie sich die Ausgestaltung, die Differenzierung vollzieht, ist eine methodische und keine grundsätzliche Frage.

Daß über das Gesagte hinaus die Erlernbarkeit des Vogelgesangs auch seine großen biologischen Vorteile hat, erwähnten wir ja bereits des öfteren. Die Freizügigkeit des Vogelgesangs gehört eben mit zum Entwicklungsprinzip des Singvogels. Wir wollen nun im folgenden noch Einzelheiten über die Ausbildung und Entwicklungsrichtung des Vogelgesangs bringen, der durch seine „Körperungebundenheit" genug des Interessanten zeigen muß und zu einem Vergleich mit der Menschensprache geradezu herausfordert.

Wie beim Menschen, so ist beim Vogel das Kindesalter die Hauptlernzeit. Und es kommt auch gar nicht darauf an, ob der Jungvogel den Gesang schon „versteht", die Hauptsache, er prägt ihn sich ein. Es scheint in der Vogelentwicklung eine gewisse, mehr oder weniger ausgedehnte sensible Periode zu geben, während der allein das Lernen möglich ist. Nach sicheren Beobachtungen (z. B. Heinroths) sind bereits die Nestjungen in der Lage, den Gesang des Vaters aufzunehmen, wofür man ihnen eine ererbte Befähigung zusprechen muß. Ob nun aber bloß die männlichen Jungvögel jene Befähigung in sich tragen, ist eine schwer zu beantwortende Frage. Die Kastrationsexperimente mit Hühnern (wo sich gezeigt hat, daß das Krähen durch die Anwesenheit des weiblichen Geschlechtshormons nur unterdrückt, nicht aber völlig ausgeschaltet wird — kastrierte Weibchen mit hodenähnlichem rechten Keimdrüsenregenerat krähen!) können hier keine unbedingt gültige Antwort geben; denn es handelt sich ja beim Krähen vielleicht

7*

gar nicht um einen zu erlernenden Gesang, sondern um einen voll und ganz angeborenen Balzruf. An sich freilich spricht Dialektbildung und Abänderungsmöglichkeit für Lernen; auch die Bedeutung des Krähens ist die gleiche wie die eines Gesangs (Platzbehauptung und geschlechtlicher Daseinsruf). Dort, wo mit der männlichen Stimme weitgehende Veränderungen des Syrinxbaues, der Luftröhre usw. (Trommel männlicher Enten!) verbunden sind, liegen die Verhältnisse natürlich wieder anders. —

Der Trieb des Jungvogels, den Gesang des Vaters aufzunehmen, ist zu vergleichen mit irgendeinem anderen Trieb, der auch nicht von einer dem Vogel selbst bewußt werdenden Notwendigkeit diktiert wird. Hier wird der biologischen Notwendigkeit, den Gesang in der Art rein zu erhalten, gezwungenermaßen gedient. Auch beim Kind ist dieser Trieb, die Sprache zu erlernen, naturgewollt, nicht durch den eigenen Willen diktiert, weil ja das Kind während der sensiblen Lernperiode noch nicht über einen eigenen Willen verfügt. Nun liegt im Gegensatz zum Kind für den lernenden Jungvogel die Schwierigkeit vor: welcher von den vielen in der Umgebung zu hörenden Gesängen ist denn nun der „richtige"? Es kann doch sein, daß eine junge Grasmücke dicht neben einer Drosselbrut heranwächst. Die Drosseln hören den Grasmückengesang fast ebenso nah und deutlich wie den Vatergesang, und umgekehrt. Es muß doch also für die junge Grasmücke eine triebmäßig verankerte Notwendigkeit vorliegen, nur gerade ihren Artgesang zu erkennen. Mit anderen Worten: die Potenz, alle Laute der Umgebung aufzunehmen, muß beschränkt werden auf die allein biologisch wichtigen Laute, eben auf den Gesang des eigenen Vaters. Einmal kann die Potenz so eingeschränkt werden, daß der Vogel zwar alles hört, was um ihn herum singt, daß er aber infolge des Baus seiner Stimmwerkzeuge später nur in der Lage ist, den einen, gerade den Vatergesang, zu bringen. So wird es aber nur selten sein, denn die Stimmorgane lassen nachweislich allerhand Spielraum. Das sieht man ja am Papagei, der in Freiheit niemals etwas anderes als sein Kreischen vernehmen läßt, niemals eine andere Tierstimme imitiert — und nach Übung eben doch fähig ist, zu singen, zu pfeifen und zu „sprechen". Weiter wäre denkbar,

100

daß der Vogel den Gesang, der ihm biologisch unwichtig ist, einfach nicht hört, und zwar aus den eingangs erörterten zwei möglichen Gründen, 1. dem physikalischen und 2. dem biologischen (f. S. 9). Es wäre dann bei ihm nur eine Reaktionsnorm auf ganz bestimmte Gesänge vorhanden. Es könnte so eine Differenzierung der Potenz durch elektives Hören stattfinden, worauf wir gleich zurückkommen werden.

Zunächst seien noch einige Beispiele eingeschaltet, die zeigen, daß in der Tat unsere so wichtige Voraussetzung, daß der Vogel von sich aus nur über eine allgemein vererbte Gesangsgrundlage verfügt und daß er den wirklichen Gesang erst erlernen muß, erfüllt ist. Heinroth und andere Forscher haben wiederholt Vögel isoliert aufgezogen und erkannt, daß sie zwar zur Zeit der eingetretenen Reife zu singen beginnen, daß aber der Gesang dann oft gar keine Ähnlichkeit mit dem normalen Gesang hat. Ein Baltimoretrupial, vom Ei an isoliert großgezogen, bringt einen für die Art vollkommen fremden Gesang, ein seltsames Stammeln, zuwege. Ähnliches konnte bei der Singdrossel, Heckenbraunelle u. a. Arten beobachtet werden. Dagegen können Mönchsgrasmücken, die nur Nachtigallgesang vernommen haben, nachtigallisch singen, wenn auch nicht so vollendet. Viele Vögel eignen sich in der Vogelstube, wo sie andere Rufe dauernd in der Nähe hören, fremde Rufweisen an, auch wenn sie natürlicherweise nicht spotten (f. u.). Nicht gelernt zu werden brauchen nur ganz wenige, sehr unkomplizierte Gesangsformen, wie das „Zip-zap" und das Sirren des Schwirls oder einige Grundbestandteile der Lieder (z. B. das Schnurren im Rauchschwalbenlied).

So scheint es also mit dem elektiven Hören doch nicht solche Wichtigkeit zu haben; denn dieselben Vögel, die draußen nie andere Vogelgesänge nachahmen, bringen doch im Zimmer auch deren Gesänge wie ihre eigenen und „scheinen selbst nicht mehr zu wissen", was nun eigentlich ihr eigentlicher Gesang ist. Hier möchte ich aber grundsätzlich bemerken, daß Ergebnisse im Zimmer nicht mit der Wirklichkeit in der Natur zu vergleichen sind; denn schon allein der Eifer der Vorsänger ist begrenzt, die tönende Umgebung aber durchaus nicht naturgemäß. In Wirklichkeit kommen eben für den Brutplatz einer Art immer nur wenige, vielleicht zwei bis drei andere Arten als direkte Nachbarn in Frage, zwischen denen zu wählen wahrscheinlich nicht so schwer sein wird, als aus einem Stimmenwirrwarr etwas „Passendes" auszusuchen. Auch die Mönchsgrasmücke, die wie eine Nachtigall singt, beweist noch keine Unmöglichkeit biologischer Auswahl, denn sie hat ja den Drang zu singen in sich, kann aber, da ihr keine Gelegenheit zum Auswählen gegeben ist, auch nur den einen einzigen Gesang bringen, den sie jemals gehört hat, eben den der Nachtigall. So dürfen wir also diese Zimmerergebnisse nur mit Vorbehalten auf die wirklichen Verhältnisse übertragen. Wenn eine Amsel z. B., die wie sehr viele Vögel ausgesprochene Dialekte zeigt, immer gerade den in ihrem Gebiet herrschenden Amseldialekt lernt und selber bringt (freie Veränderungen sind natürlich immer die Regel, aber der Dialektcharakter bleibt trotzdem erhalten), so zeigt das doch eben, daß der väterliche Gesang sehr genau eingeprägt wird und auch — wenn es sich um an der Dialektgrenze aufwachsende Vögel handelt —, daß ein sehr ähnlicher Amselgesang, der aber eben nicht vom Vater stammt, nicht zum Vorbild erwählt wird. Die Tatsache, daß sich überhaupt einmal gebildete (und auf Grund der individuellen, normalen Variation des Gesangs verständliche) Dialekte so rein erhalten können, beweist ja schon, wie sehr sich der Jungvogel den Vatergesang in allen Einzelheiten einprägt. Es ist hierbei wichtig zu wissen, daß es ja gerade ein Kennzeichen aller „gut" singenden Vögel ist, daß sie ein eigenes Revier besitzen, in dem Artgenossen eben nichts zu suchen haben. So wird die Möglichkeit geschaffen, daß der Jungvogel in seiner sensiblen Nestperiode niemals einen anderen Artgesang als gerade den väterlichen hört. Auf diese Weise können sich individuelle und dialektische Besonderheiten „vererben", was vielfach nachgewiesen ist. Kann aber der Gesang fremder Vögel großen Einfluß haben, wenn es schon auf den Vatergesang im einzelnen so genau abgesehen ist? Wir wollen immerhin betonen, daß wir uns über die Art und Weise der Potenzeinschränkung noch kein einheitliches Bild machen können. Wahrscheinlich werden aber auch mehrere Hilfsmittel zu ihrer Verwirklichung beitragen.

Nun gibt es aber auch in der Natur in der Tat Vögel, die allem Anschein nach nicht trennen können zwischen Arteigenem, Väterlichem und Artfremdem. Ja, es gibt sogar Vögel, die

102

nicht nur andere Vogelgesänge und Rufe in ihren Gesang ein-
weben, sondern die manches andere Geräusch für den Gesangs-
aufbau benutzen, das gar nicht von einem Vogel stammt.
Es ist das die Gruppe der Spötter oder Imitatoren, über
die sich bereits ein besonderes Schrifttum hergemacht hat, ohne
daß aber ein einheitlicher Standpunkt erreicht wäre. Nirgends
gibt es gerade so viel aufwühlende Probleme, so viel weg-
weisende und interessante Ergebnisse wie in diesem Fragen-
kreis, so daß wir unbedingt noch einige Worte zu dem bereits
in der Literatur Veröffentlichten hinzufügen müssen.

Es erscheint uns die Tatsache des Spottens, die ja gerade
auf der Lerngrundlage des Gesangs ermöglicht wird, nicht als
etwas Besonderes, etwas spezialisiert Ausgebildetes, etwas Abweichendes (Hoffmann), sondern als ein geradezu eine Grundidee veranschaulichendes Primitives; d. h. das Spotten verkörpert ein potenzreiches Stadium, wobei natürlich im Sinne
der Abstammungslehre nicht davon die Rede sein darf, daß die
Spötter älter als die Nichtspötter sind, nein, es handelt sich
nur um eine noch nicht ausgeschöpfte Idee. Und zwar ist diese
Grundidee (eben den Gesang zu erlernen) deshalb nicht aus-
geschöpft in verschiedene Differenzierungsformen, weil es sich
für die spottenden Vögel eben nicht als anpassungsmäßig nötig
erwies. Sie sind in ihrer Art genau so gut angepaßt wie ein
Vogel, der durch weitgehende Einschränkung seiner Potenz
ein differenziertes Stadium verkörpert. So möchten wir also
primitiv nicht im Sinne von phylogenetisch älter, sondern im
Sinne einer noch jungfräulichen, unspezialisierten Ausbildungsstufe verstanden wissen.

Die Befähigung zum Spotten besitzen nicht alle Arten.
Ausgesprochen typische Spötter, d. h. Vögel, die fast nichts
„Arteigenes" bringen, gibt es nur wenig; die allermeisten ver-
mischen Eigenes, Arttypisches mit Fremdem (Würger, Sumpfrohrsänger, Gelbspötter, Blaukehlchen, Braunkehlchen, Garten-
rotschwanz, Stare, Beos, Spottdrosseln usw.). In geringem
Maße spotten Grünfink, Buchfink, Hänfling, Hausrotschwanz,
Meisen, Kleiber, manche Rohrsängerarten, Trauerfliegen-
schnäpper, Drosselartige usw., gar nicht oder nur in Ausnahme-
fällen spotten die Laubsänger, Schwirle, Nachtigall und Sprosser
usw. Innerhalb der spottenden Arten herrscht eine geradezu

unglaubliche individuelle Staffelung; von vollendeten Imitatoren bis zu niemals über ein Stümpern hinwegkommenden Vögeln findet man alle Übergänge. Vögel, die einen sehr einfachen Gesang besitzen, von dem man annehmen kann, daß er geerbt wird, spotten nie (Schwirl, Grauer Fliegenfänger, Brachpieper). Gewisse Arten scheinen nur den Gesang der ihnen sehr nahestehenden Arten zu bringen oder doch wenigstens diesen mit ihrem eigenen Lied zu verknüpfen. Wir erwähnten bereits andernorts, daß sich die Laubsänger (Fitis und Zilpzalp) gegenseitig zu imitieren scheinen, konnten aber wahrscheinlich machen, daß es sich hier gar nicht um Spotten handelt (denn warum sollte ein Zilpzalp, der den komplizierten Fitisschlag bringt, nicht auch anderes aufnehmen können?), sondern um den gleichen Gesang, der ursprünglich zweiteilig war und von dem nun der eine Vogel den ersten, der andere den zweiten allein zum Hauptgesang gemacht hat; die biologische Notwendigkeit zwang dazu, daß die beiden so ähnlichen Arten verschieden singen mußten. Warum nun aber gerade die eine diesen und die andere jenen Teil genommen hat, scheint mehr oder weniger Zufallsergebnis zu sein; denn in Spanien hat sich der Zilpzalp gerade den „Fitisschlag" angewöhnt. Auch von den beiden Baumläufern hört man nur gegenseitige „Imitationen"; vielleicht handelt es sich hier ebenfalls um keine eigentliche Spottung, sondern um die Befähigung, von sich aus beide Gesänge zu bringen, die sich bei der Artbildung immer mehr so kristallisierte, daß der Hausbaumläufer nur mehr den Anfang, der Waldbaumläufer aber auch den Schluß mitbringt, wodurch die biologisch geforderte Unterscheidung zustande kam. „Erscheinungen der normalen Variationsbreite des arteigenen Liedes" nennt Stadler diese sog. Misch-Schaller. Nachtigallen bringen oft Strophen des Sprossergesangs, Gartengrasmücken solche der Mönchsgrasmücke usw. Wir glauben, daß auch die vorigen Beispiele sich zu diesen Erscheinungen reihen, die eben nichts mit Spottung zu tun haben. Die ursprüngliche Ähnlichkeit von Nachtigall- und Sprossergesang mag durch Dialektbildung so weit verändert sein, daß man normalerweise beide Lieder gut unterscheiden kann. Die artliche Trennung der beiden Vögel hob den Dialektunterschied nur noch stärker heraus. Vielleicht aber vergrößert sich hier der Unterschied

104

immer noch mehr, je weiter die beiden Arten ihr Brutgebiet übereinanderschieben. Heutigentags nehmen sie wie Rassen getrennte Gebiete ein. Wenn Mönchsgrasmücken gelegentlich wie Gartengrasmücken singen oder umgekehrt, so mag es sich hier um eine formale Übereinstimmung als „Erinnerung" an einen ursprünglich gleichen Gesang handeln. Der typische Überschlag wurde bei der Artbildung vom Mönch „gepachtet", während sich die Gartengrasmücke mit der Vorstrophe beschied, die sie freilich etwas besser ausbaute. Ein solches Ausbauen ist ja bei der großen Variation und der Möglichkeit des traditionellen Weitergebens im Gesang durchaus möglich und immer wieder belegt. — Schließen wir endlich auch noch die oberflächlichen Lautähnlichkeiten aus (sog. Konvergenzen), so bliebe nun die Frage, welche Vögel werden vom Spötter zum Gegenstand des Spottens gemacht? Darauf kann man antworten, daß niemals der Grad der systematischen Verwandtschaft entscheidet, sondern daß die Auswahl im Spottprogramm sich erstens nach der stimmlichen (ungefähren) Ähnlichkeit des Originals richten kann und — das Wichtigste — daß eben die Vögel, die imitiert werden, auch in der Nähe vorkommen und ihren Ruf häufig hören lassen müssen. Deshalb wechseln die Vorbilder je nach der Gegend, in der der Spötter wohnt, auch nach der Zeit; denn es kann vorkommen, daß gewisse Töne nur vorübergehend gehört werden und dann auch nur vorübergehend gespottet werden. Stadler bringt ein außerordentlich drastisches Beispiel seiner Blaukehlchen am Main. Von 1909 bis 1919 enthielten die vielen, vielen Blaukehlchenlieder Imitationen menschlicher Betriebsgeräusche (z. B. Sensenwetzen). Von 1917 bis 1923 ertönten aus den Schnäbeln der Blaukehlchen jedoch viel häufiger die schrillen Überlandsignale der Autos. Seit 1924 sind diese Schrillpfeifen verboten — und seit dieser Zeit singen die Blaukehlchen sie auch nicht mehr nach! Dieses Beispiel zeigt erstens, daß die Blaukehlchen nicht nur fremde Vogellaute, sondern überhaupt Laute aus ihrer Umgebung zum Spottgegenstand machen, zweitens verrät es ein nicht allzu zähes Festhalten der Spottungen und drittens zeigt es, daß diese Schrillmotive sich nicht traditionell erhalten, daß also die Spötter nicht aus dem Gesang des Vaters die Spottungen einfach übernehmen, sondern selbst neue aufnehmen.

Dieses aber wiederum weist darauf hin, daß die sensible Periode des Einprägens fremder Laute bei den Spöttern nicht nur auf die Nestzeit beschränkt ist, sondern das ganze Leben über dauert, was übrigens auch andere Beobachtungen (Stare lernen auch, wenn sie alteingefangen sind, noch spotten) beweisen. Die Vorsänger brauchen von manchen Spöttern nur kurz, geradezu im Fluge, angehört zu werden, damit sie nachgeahmt werden können. Man kann bei Blaukehlchen und Drosseln (Stadler) auf diese Weise am Gesang feststellen, was in der Nacht oder am frühen Morgen in den letzten Tagen durchs ·Land gezogen ist. Ich selbst habe derartige Beobachtungen noch nicht gemacht und glaube, daß den an sich variablen Spöttergesängen mehr untergelegt wird, als verantwortet werden kann. Immerhin mag die Möglichkeit bestehen, daß Laute aus der Umgebung direkt „aufgeschnappt" werden. Solche schnell erlernten Spottfiguren werden sicher auch schnell wieder vergessen. Anders ist es, wenn Stare im März den Pirolruf bringen, den sie doch mindestens im Juli vorher das letztemal gehört haben konnten, da der Pirol im Winterquartier, wo er möglicherweise mal mit Staren zusammentrifft, nicht ruft. Unzeitgemäß ist es, wenn ein Star am Tage den Waldkauzruf bringt, usw. Nun allerdings scheint mir beim Star die Sache wieder anders zu liegen als beim Blaukehlchen, das wir vorhin nannten. Man hört nämlich Stare auch dort den Pirolruf bringen, wo in der ganzen weiten und nahen Umgebung nicht ein einziger Pirol ruft. Wenn es sich nicht um eine zufällige Lautähnlichkeit handelt (was aber kaum möglich erscheint, da ja auch das Kreischen des Pirols oft im Zusammenhang mit dem Flöten gebracht wird), so müssen es die Stare wohl von sich selbst her haben. Vielleicht vom Vater übernommene Spottung, vielleicht auch von einem anderen Star angenommen. Wer weiß es? Niemals dürfen wir schematisieren; fast jeder Spötter ist wieder anders zu beurteilen! Allgemein kann man nur sagen, daß der Spötter einen allgemeinen Grundstock des Spottprogramms besitzt, der an sich auch nur innerhalb einer bestimmten Landschaft — strenggenommen — der gleiche bleibt. Dialektbildung und Übernahme individueller Eigenarten erschweren ein sicheres Zurechtfinden außerordentlich. — Wenn nun auch die sensible

Periode bei unseren Spöttern das ganze Leben andauert und es insofern schon nicht zu einer so starken Potenzeinschränkung gekommen ist wie bei den gewöhnlich nichtspottenden Vögeln, so ist dazu noch zu bemerken, daß auch hier kein scharfer Trennungsstrich gezogen werden darf; denn welcher Vogel spottet ganz sicher nicht? Eine Amsel oder Drossel muß ihren Gesang schon im Nest aufnehmen, sie wird später nicht mehr viel daran ändern, ja sie singt ihren Spezialdialekt, den sie vom Vater übernommen hat — und doch gibt es auch Amseln, die zu spotten scheinen. Individuen, die besondere Fähigkeiten haben? Jedenfalls scheint die sensible Periode auch innerhalb der gleichen Art individuell verschieden lang zu sein. Das individuelle Moment spielt überhaupt bei den spottenden Vögeln eine erhebliche Rolle. Man kann einem Gelbspötter stundenlang zuhören, ohne daß er eine überzeugende Imitation bringt. (Ähnlichkeiten gibt es viele, aber diese sind oft noch lange keine Imitationen!) Andere Gelbspötter wieder singen außer ihren arteigenen „Knäkslauten" bloß Imitationen in wirrem Wechsel hintereinander! Sehr oft hat man auch den Eindruck, als übersteige die Güte der Vorbilder das technische Können und die Auffassung des Imitators, so daß eine elende Stümperei zustande kommt. Ziemlich einheitlich erstreckt sich aber die sensible Periode nicht über die Zeit, während der der Vogel im Winterquartier ist. Außerhalb der eigenen Sangeszeit nehmen die Vögel nichts mehr auf, so daß wir sagen dürfen: die sensible Periode findet im allgemeinen ihren Abschluß mit der Jugendzeit. Vielfach wird auch während der eigenen Sangeszeit der Vogel wieder sensibel. — Aber auch hier gibt es Autoren, die glauben, Stimmen ferner Länder aus den Gesängen heimischer Vögel gehört zu haben. Stadler fragt, woher Singdrosseln ihre Xylophonweisen haben sollen, wenn nicht aus dem afrikanischen Urwald. Ferner schreibt er: „Jedes dritte Blaukehlchenlied enthält in der Einleitung neben den Stimmen zahlreicher einheimischer Vögel andere uns unbekannte Klangfarben und Motive: diese können nur Nachahmungen fremder Stimmen sein, die diese Vögelchen am Senegal oder wo sie sonst überwintern, vernommen haben." Man sieht also, daß nur Meinungen, aber keine wirklichen Beweise vorliegen. Dagegen ist der Einfallsreichtum unserer

Blaukehlchen und Drosseln so groß, daß gut einmal ungewohnte Strophen angestimmt werden, die wir für Nachahmungen fremder Vögel halten. Ich kenne, wie gesagt, keinen einzigen Nachweis des von Stadler geforderten Spottens ausländischer Vögel. Und dabei sind doch vielen unserer Ornithologen die Stimmen der Flötenwürger, Glanzstare u. dgl. bekannt, so daß sie ohne weiteres herausgehört werden müßten. Selbst wenn ein solcher Nachweis gelänge, dann stünde diesem Einzelfall die Tatsache gegenüber, daß in der erdrückenden Mehrzahl der Fälle eben nur einheimische Vögel imitiert werden.

Nun noch einige Bemerkungen über den Gegenstand der Spottlieder selbst: Es wird nie in Rufen, sondern immer im Gesang bzw. im Schwätzen oder in Rufstrophen gespottet. Die gespottete Figur kann innerhalb des Liedes als Vorschlag oder Nachschlag, aber auch ins Lied wahllos eingewebt erscheinen, wobei dann oft mehrere Vögel nachgeahmt werden. Das Einleitungsspotten beobachtet man bei den Grasmücken, die in ihre Vorstrophe allerhand Fremdes einpacken können. Ausgesprochenes Spotten als Nachschlag kennen wir vom Gartenrotschwänzchen, das z. B. das Zaungrasmückenklappern oder das Zilpzalplied mehr oder weniger gekürzt als Anhängsel bringt. Amsel und Singdrossel hängen zuweilen in eigenartigem „Schirken" Fremdstrophen an ihr Lied an, andere wieder machen größere Pausen vor jeder Spottung oder bringen diese in seltenen Fällen sogar ganz getrennt vom eigenen Liedchen (Braunkehlchen). Gelegentlich singen auch Trauerfliegenfänger vollständig fremde Lieder. (So berichtet Hoffmann von einem Trauerfliegenfänger, der das Gartenrotschwanzlied ganz allein brachte.) Der Sumpfrohrsänger reiht verschiedene Gesangsteile wirr durcheinander; vom Schwalbenzwitschern über das „Didelit" des Distelfinken geht es zum „Schimpfen" des Feldsperlings, um dann mit dem Locken eines Gartenrötels einen vorläufigen Abschluß zu finden. Die „Schwätzer" lieben ebenfalls jenen Einbau von allen möglichen Gesangsbruchstücken. Dahin gehören z. B. der Würger, der Star (man hört selbst Hundebellen in seinem Gesang!), die Rabenvögel (besonders Häher und Elster), der Pirol (der nur in seinem Stimmungsgesang spottet, im Balzgesang dagegen niemals!) usw. Bei einzelnen Individuen artet die

108

Spottlust geradezu in eine Manie aus: so berichtet Stadler von einem Buchfinken, der monatelang neben seinem eigenen Gesang ständig Kohlmeisenlieder brachte, obgleich doch sonst unser Fink zu den weniger spottlustigen Vögeln gehört. Es ist möglich, daß es sich hier manchmal auch um pathologische bzw. Entartungserscheinungen handelt, wie sie ja gerade bei Garten- und Stadtvögeln nicht verwunderlich wären. Wenn also der Spötter sein Lied mit Imitationen füllt und auch im Schwätzen solche bringt, so spottet er doch niemals im Rufen, wie wir bereits betonten. Für manche Rufstrophen wird allerdings ein Spotten angegeben. Stadler schreibt, daß das „Angst-gezeter" der Amsel dem Lied eines übenden Buchfinken gleichen kann oder erstaunlicherweise in das Klappern der Zaungras-mücke mündet. Ohne an der Möglichkeit des Spottens in Ruf-strophen an sich zweifeln zu wollen, halten wir derartiges doch für ziemlich unwahrscheinlich und glauben, daß der Vogel-kundige einer Analogietäuschung zum Opfer gefallen ist. Solche „Konvergenzen[1])" (Hoffmann) sind ja außerordentlich häufig. Bei der Vorliebe für Themenvariation (s. Anhang) vieler Vögel (Drossel, Gartenrötel, Trauerfliegenfänger usw.) kann leicht rein durch Zufall einmal eine Lautfigur entstehen, die einer von einem anderen Vogel bereits „gepachteten" sehr ähnlich klingt, ohne daß eine Spottung vorzuliegen braucht. Einen einigermaßen sicheren Anhaltspunkt für das Vorliegen von Analoga hat man, wenn alle Vögel der gleichen Art der-artige Scheinspottungen bringen oder wenn doch wenigstens stellenweise diese Lautfiguren von allen Vögeln gebracht werden, so daß es eine Art Dialekterscheinung ist. Natürlich kann uns immer ein traditionell weitergegebenes Spotten täuschen. Weiterhin ist ein Übergang von Spottung zu Analogon denkbar, insofern als der Vogel vielleicht eine an sich einer bestimmten Spottung ähnliche Strophe bringt und dann zufällig einmal die Originalstrophe dazu hört; dann mag das ursprüngliche Analogon zur wirklichen Spottung werden. Die unsicheren Fälle sind sehr zahlreich. Hoffmann, einer unserer besten Vogelstimmenkenner, hält z. B. das Bussard-miauen des Eichelhähers nicht für Spottung; in der Tat

[1]) Die aber nicht ganz unserer oben angegebenen Definition entsprechen und besser als zufällige Gleichlaute zu bezeichnen wären.

bringen es wohl alle Eichelhäher. Das „Tick“ am Ende vieler Buchfinkenschläge (die „Tick“-Sänger scheinen eine Dialektform zu bilden) hält Stadler für eine allgemein erworbene (mechanisierte) Nachahmung des in der Tat sehr ähnlichen Buntspechtrufes. Es soll sich nicht mehr an ein Vorbild halten, sondern eine Art „Fremdwort“ geworden sein. Diese Ansicht dürfte schwerlich allgemein herrschen. — Soviel über das Spotten und die Spötter selbst.

Man fragt sich nun angesichts solcher Sachlage, ob man denn überhaupt noch von einer Artkonstanz des Gesanges reden kann, wenn die Potenzeinschränkung eben nur für einen Teil der Sänger gilt und andere scheinbar ziemlich wahllos alle möglichen Laute aus der Umgebung aufnehmen. Wird nicht der biologische Sinn, gerade etwas Verschiedenes im Gesang zu bringen, durch die Tatsache der Spottung verwischt?

Dazu wäre nun zu sagen, daß ja auch der Ornithologe trotz des Spottens den Spötter erkennt, denn die Art, wie er spottet, ist auch Artkriterium! Niemand wird einen spottenden Gelbspötter oder Sumpfrohrsänger verkennen. Und ist man selbst einmal durch einen Vogel getäuscht worden, der das fremde Lied vollständig und ohne Zusammenhang mit seinem eigenen Gesang brachte, so belehrt eine kurze Beobachtungszeit, daß es sich hier um einen Spötter handelt. Vom Neuntöter wird behauptet, daß er überhaupt keinen arteigenen Gesang habe und sein Singen lediglich Flickwerk aus fremden Stoffen sei. Selbst wenn nicht die schirkende und „schüchterne“ Art des Neuntöterspottens artkennzeichnend wäre, so könnte es doch keine Verwechslungen innerhalb der gefiederten Umwelt des Würgers geben. Denn erstens singt der Würger ausgesprochen selten; der Gesang ist für ihn gar nicht so wichtig. Ja, er ist (zweitens) mehr Stimmungsausdruck (wie das Schwätzen der Rabenvögel). Der Neuntöter ist nämlich gar kein typischer Balzsänger, sondern er stellt sich zur Schau! Völlig frei sitzt er da in seinem auffälligen Gewand (in dieser Beziehung dem ebenfalls schirkenden und spottenden Gimpel vergleichbar, dessen Weibchen sogar auch singt und dadurch zeigt, daß es sich gar nicht um einen typischen Balzgesang handelt) auf der Spitze eines Strauches oder Baumes und wippt in sonderbarer Weise mit dem weiß-schwarzen

110

Schwanz. So behauptet er sein Revier! Gewiß, er singt, doch das tut er nur, weil er halt ein Singvogel ist — aber er huldigt allein dem Schaustellungsbalzen! Alle anderen Spötter (besonders eben Sumpfrohrsänger und Gelbspötter, die zu den regelmäßig spottenden Arten gehören) sind im Pflanzengewirr bzw. Laubwerk verborgen und müssen sich durch ihren Gesang allein bemerkbar machen. Dieser ist trotz der Imitationen jedoch kennzeichnend genug. Wie ist es aber nun beim Braunkehlchen, das frei auf einem Telegraphendraht oder einer hohen Staude sitzend oftmals das vollständige Lied der Grauammer oder einer Dorngrasmücke bringt? Abgesehen davon, daß solch reines Spotten nicht allzuhäufig ist, könnte man unter Umständen annehmen, daß die imitierte Dorngrasmücke oder die Grauammer, die ja mit dem Braunkehlchen das gleiche Gebiet bewohnen, durch ihren eigenen Gesang aus fremder Kehle ähnlich davon abgehalten werden, in das Revier des Braunkehlchens zu dringen, wie sie ja durch den Gesang eines Artgenossen „gewarnt" worden wären. Daß dies aber der biologische „Sinn" des Spottens ganzer Lieder ist, wird niemand behaupten wollen. Viel eher darf man sagen, daß es dem Braunkehlchen nichts schadet, wenn es andere im gleichen Gebiet hausende Vögel imitiert. Und in der Natur kann etwas immer so lange beibehalten werden, als es den biologischen Erfordernissen nicht hemmend entgegentritt. Noch etwas Weiteres aber zeigt, daß dieses Imitieren nicht den Sinn des Gesangs zu nehmen braucht:

Wir erinnern uns des auswählenden, elektiven Charakters des Spottens. Der Spötter singt nur die Gesänge seiner Umgebung und nimmt unter Umständen dabei freilich auch völlig sinnlose Geräusche auf. So kann der Spöttergesang unbeschadet einiger Ausnahmen und Gelegenheitsspottungen im großen ganzen doch keinen anderen Charakter tragen, als ihn die Gesamtheit der tönenden Umwelt zeigt. Es handelt sich hier um einen Landschaftsstil des Gesangs. So wie sich Tiere, die den gleichen Lebensraum bewohnen, auch ohne verwandt zu sein, in der Farbe ähneln können (Lerchen, Grauammer, Triel, Trappe als Ackerlandvögel z. B., Eisvogel, Libelle am Flußufer usw.), so können sich auch die Gesänge unverwandter, aber den gleichen Lebensraum bewohnender

111

Vögel ähneln. Und zwar nicht in einer klanganalytisch definier-
baren Art, sondern im Habitus, im Charakter. Rein gefühls-
mäßig können wir sagen, ob dieser Vogel im Wald lebt oder
auf der Steppe — je nach dem Landschaftsstil seines Gesanges.
In diesen Landschaftsstil gehören auch gewisse Urlaute oder
bestimmte Geräusche und Stimmen anderer Tiere. Trotz
formaler Ähnlichkeit der Grasmückengesänge läßt sich doch feststellen, daß die das freie Land bewohnende Dorngrasmücke
einen völlig anderen Gesangsstil als die busch- und waldbewohnenden Verwandten aufweist, einen Stil, der ohne
weiteres gewisse Parallelen mit Braunkehlchen und anderen
Wiesensängern (Schafstelze, Rohrammer) zuläßt. Es gibt
auf der Wiese z. B. keine voll schallenden Stimmen, lediglich
„dünnere" oder niedlich schwätzende Weisen. Das wasserklare
Zaunköniglied, das plätschernde Dahinmurmeln der Wasseramsel — so verschieden die Lieder im einzelnen sind: sie
passen zueinander wie der Rothirsch zum Wald und der Stein-
bock zum Felsen. Amselstimme und das Flöten der Mistel-
drossel im Wald, der volle Flötenschall des Pirols, der wunder-
bare Überschlag der Mönchsgrasmücke — auch sie passen zueinander und zur Landschaft selbst und werden harmonisch
verknüpft durch die innigzarten Perlreihen des Rotkehlchens.
Im düsteren Nadelwald wispern die Stimmchen der Tannen-
meisen und Goldhähnchen, weben die seltsam schlürrenden
Gesänge der Haubenmeise, die mit dem „türr-türr" des Schwarz-
spechtes eine unverkennbare Harmonie ergeben. Wer nur
einen Sinn für Harmonien hat, der findet sie immer wieder,
bloß darf er sich nicht pedantisch an einzelne Stimmen halten.
Er darf nicht den harmonischen, schönen Körper zergliedern und
— da er die Seele vergeblich gesucht hat — diese leugnen! Nein,
er muß das Ganze nicht nur aus den Teilen wieder zusammensetzen, sondern auch unzergliedert erleben können! Gerade
der künstlerisch empfindende Mensch (Musiker) hat oft einen
ausgesprochenen Sinn für derartige Landschaftsstimmungen
tönender Form und stellt in seinen Schöpfungen nicht die
einzelnen Vogelstimmen unbedingt realistisch dar, sondern
läßt uns die gesamte Seele eines Waldvogelkonzertes wieder-
erstehen. Wir glauben, daß man dem Problem des Spottens
auch auf diese Weise gerecht werden muß; denn es zeigt sich

112

nunmehr nicht als ein undurchdringliches Regelwerk mit unendlichen kleinlichen und mannigfachen Ausnahmen, sondern als ein herrliches Stück Lebensharmonie.

Die tiefe, innere Verbundenheit aller Naturwesen, aller Lebewesen, die nicht aus eigener Seele schaffen und mit eigenem, freiem Geist bauen, kommt wohl am besten dadurch zum Ausdruck, daß sie in gemeinsamem Naturwollen ihre Lebensäußerungen in einer gewissen, dem Lebensraum angepaßten Stilform ausdrücken. Es kommt, wie wir wiederholt feststellten, nichts unangepaßt in die Welt. Alle Merkmale müssen sich ihrem Träger und ihrer Lebensweise, ihrem Entwicklungsprinzip und ihrem Lebensraum anpassen, mit ihrem Träger eine Einheit bilden. Der vom Körper scheinbar weitgehend unabhängige Gesang, ein unmittelbarer Ausdruck des natürlichen, dem Tier vielleicht gar nicht zum Bewußtsein kommenden Lebensgefühls, muß sich auch irgendwie anpassen — und woran anders als an die Lebensweise, die Forderungen der Fortpflanzung und die lebendige, tönende Umwelt? Ein sichtbares Merkmal muß sich in die anderen sichtbaren Merkmale harmonisch einpassen; warum sollte ein hörbares Merkmal sich nicht der hörenden und hörbaren Umwelt anpassen? Unsere Vorstellungen sind, wie wir in der Einleitung ausführten, begrenzt und auf die eigenen Sinnesorgane aufgebaut. Da bei uns aber der Gesichtssinn die führende Rolle spielt, sind wir vielleicht gar nicht in der Lage, alle (mit Ausnahme derjenigen, denen die Gehörswelt an erster Stelle steht: einigen großen Musikern) der tönenden Umwelt eines Tieres voll gerecht zu werden und die Grundlagen einer klanglichen Anpassung überhaupt verstandesmäßig zu begreifen. Wesen, die von derselben Naturseele gehalten und geformt sind, stehen sich innerlich viel, viel näher als wir Menschen, die wir unsere eigene Schöpferwelt in uns tragen und nichts fühlen von den großen seelisch-geistigen Kräften, die da draußen das Reich der Natur gebaut haben. Wir haben uns entfernt von unseren Brüdern im Busch, wir sind unsere eigenen Wege gegangen. Wir haben uns abgeschlossen von den strömenden, natürlichen Schaffenskräften, was wie in einem symbolhaften Akt der Abschluß des Hirnschädels beim dreijährigen Kinde zeigt, das von diesem Zeitpunkt ab das erstemal mit Bewußtsein „ich" sagt. Dieses „Ich" empfinden die Tiere noch nicht. Sie fühlen sich eins mit der Gottnatur in ihrem Umkreis, leben und sterben in ihr und tragen nur in ihren differenziertesten Formen einen eigenen Willen in die Welt hinaus. Der seinen Gesang individuell abwandelnde Vogel, der zu seiner triebhaft ererbten und traditionell weiter gefestigten Liedstrophe neue Variationen hinzufügt, er läßt der allschöpferischen Natur schon ein wenig Freiheit. Aber sie erhebt sich nicht über ihn und senkt nicht in seine Brust eine eigene schöpferische Seele, wie sie es beim Menschen getan hat. Noch ist der Vogel eins mit seiner Umwelt. Und am innigsten fühlt er sich verbunden mit den Kumpanen, die den gleichen Lebensraum bewohnen, mit den gleichen Gewalten ringen, in der gleichen Weise mit der anorganischen Welt geformt und gestaltet werden. Sie verstehen sich, sie empfinden — unbewußt —, daß das Reich der Töne, so unendlich groß es ist und in so großzügiger Weise sie es sich ihren Stimmorganen gemäß zu eigen machen könnten, doch natürliche Grenzen hat, dort eben, wo es sich mit der Natur aufs innigste verknüpft. So lassen die Vögel eines Lebensraumes ihre Stimme, die ihnen eine sorgende Natur in die Kehle legt, ganz von selbst sich diesem Lebensraum und damit auch ihrer Lebensgemeinschaft anpassen. Es gilt aber, in diesem Lebensraum Platz für die Arterhaltung zu belegen, es gilt, einen Kampf gegen alle Konkurrenten aufzunehmen. Deshalb singt das Vogelmännchen seinen Balzgesang wie eine Kriegsfanfare drohend und zugleich verlockend. Die Genossen im gleichen Lebensraum verstehen ihn, denn er ist ihnen nicht fremd wie die Stimme der afrikanischen Prachtvögel, die sie in den Winterquartieren kennenlernen und die ihnen nichts zu sagen haben. Sie erkennen den Gesang der anderen Lebensgefährten, die den gleichen Raum teilen, ganz instinktiv, ohne Überlegung und achten ihn. Aber es ist — bei der Stilgleichheit — ja ganz gleichgültig, ob ein Braunkehlchen singt, eine Dorngrasmücke oder eine Grauammer — oder ob ein Vogel wie alle drei zusammen singt, mal diesen, mal jenen imitierend, weil ihm gerade nichts anderes einfällt. Er hat hundertmal die Grauammer gehört, nun trällert er die Melodie daher, sie kommt ihm unbewußt aufgestiegen, wie das mit Melodien so ist. Er

114

könnte ja selbst so singen, denn beinah entspricht dieser Gesang auch seinem Lebensgefühl. Aber so kameradschaftlich er auch mit dem Gesang des nächsten Nachbarn verbunden ist, so deutlich zeigt sich doch schon die arteigene, ja selbst die eigene Lebensdynamik; sie schwingt wohl im gleichen Rhythmus, aber sie tönt anders. — So sind die Spötter nichts anderes als die Vögel, die die landschaftliche Harmonie noch überindividueller, „überartlicher“, gemeinschaftlicher zum Ausdruck bringen als die anderen Vögel, deren Potenz durch mannigfache Faktoren eingeschränkt wurde und die nur aus dem tönenden Gewebe der Lebensgemeinschaft einen kleinen Faden aufnehmen und an ihm ihr ganzes, kleines Leben ranken. Aber auch dieser kleine Faden ist ein Teil des gewaltigen Gewandes klangerfüllter, lebendiger Natur!

4. Der Landschaftsstil der Tierstimme und die Harmonie der Schöpfung.

Hinter den Erlenbüschen, die die sattgrüne Wiese beleben, sinkt der Sonnenball. In das Wetzen und Geigen der Heuschrecken mischt sich das schwirrende Lied des Heuschreckenrohrsängers. Eintönig schnarrt der Wachtelkönig sein „rerrp-rerrp", und in die Pausen drängt sich das plärrende „Räbräbräb..." des Laubfrosches, der auf irgendeinem Erlenblatt sitzen mag. Drüben im Sumpf schnurren die Wechselkröten, dort wo die Wiese sich in die Heide verliert. Am Heiderand geistert die Nachtschwalbe, ihr Schnurren hat den Klang der Krötenstimmen. Das eulenartige „Gruib" desselben Vogels aber weist hinein in den dunklen Dom der ragenden Stämme, zwischen denen das „Juchen" der Eulen schwebt. Erst wenn sich die Sonne wieder in tausend Tautropfen funkelnd spiegelt, schwillt der Chor der Waldvögel an zu einer gewaltigen Melodie, die den jungen Lenzesmorgen jauchzend und schallend verkündet und die die spinnehageren Stimmen nächtlicher Wesen vergessen läßt. Auch auf der Wiese melden sich anmutigere Weisen. Braunkehlchen, Ammer und Dorngrasmücke übertreffen noch die dünnen Liedchen der Wiesenstelze und der Rohrammer; aber kein Wiesenvogel läßt eine so volle Stimme erschallen wie die Nachtigall drüben im Busch und die Grasmücken, die Drosseln, Rotkehlchen und Amseln im Wald. Wo der silberklare Bach durch den Wald sprudelt, perlt der Zaunkönig seinen Schnurrer in sein wasserklares Lied hinein, wie silbrige Funken sprühen seine hellen Tönchen daher, so scharf und deutlich wie das „Zizizit" der Bergstelze, die auf den Blöcken zierlich dahinwippt, und so schrill wie das „Tit" des Eisvogels, der vom Weidenzweig auf Fische lauert. In das verhaltene Rauschen und Gurgeln mischt sich der Gesang der Wasseramsel ein, als sei er ein Stückchen Bach selbst. Wo die Wurzeln aus dem erdigen Ufer hängen und das quicke Naß zu haschen suchen, wippt der Uferläufer mit seinem Rokokokörperchen. Hell und klar fistelt er sein „hidibi“, wenn er über das Wasser zuckenden Fluges enteilt.

Hinter der Heide dehnt sich endlos das braune Moor. Melancholisch hallt die Flötenstimme des Brachvogels über die öden Flächen, ganz ähnlich im Klang mit dem Flötenpfiff des Goldregenpfeifers, der hier seine Eier bebrütet. Alles flötet im Moor: der Bruchwasserläufer und die größeren Verwandten, der Rotschenkel und wie sie alle heißen. Und nicht nur im Ruf ähneln sich die Moorvögel, sondern auch im Kleid, das sie wenig vom Boden abheben läßt. Nur der Kiebitz mit dem übermütigen „Knuiwui“ ist bunter und lustiger — im Ruf und in der Färbung. Wenn er wuchtelnden Flügelschlages im „Hui“ herabsaust, um seiner Auserwählten zu gefallen, bildet sich scheinbar ganz von selbst sein „wuchtelnder“ Ruf, und es ist gar nicht erst nötig, daß die Schwingen den Gegenwind ausnützen, um auch ihrerseits Laute zu erzeugen. — Eine ganz andere, aber dennoch einheitliche Lautgemeinschaft treffen wir am Teich. Die munteren Rohrsänger schnarren ihr Lied und setzen quiekende Glanzlichter darauf, um nicht ganz im Quaken der Wasserfrösche unterzutauchen. Rauh und kreischend sind die Stimmen hier. Wie ein abgerissenes Bellen klingt der Bleßhuhnruf hinüber und mischt sich mit dem „Kröck“ und „Korr“ der Haubentaucher. Die Luft ist erfüllt vom Kreischen und Quarren der Möwen. Die zierlichere Seeschwalbe bringt das Knarren „spitziger“ und gedehnter, aber flöten hört man keinen von den richtigen Wasserbewohnern. Und dennoch sind auch diese rauhen Stimmen der Rallen, Taucher und Enten, der Rohrsänger und Möwen schön: denn sie passen zum Wasser, wenn man auch nicht sagen kann, warum! Sie passen ebenso zum Rauschen des Schilfs, wie der Bussard- oder Adlerschrei in den lichten Äther zu gehören scheint, der die stolzen, erdeverachtenden Schreie wie selbstverständlich aufnimmt.

Es sind keine verwandtschaftlichen Bande, die die Stimmenähnlichkeit in einer geschlossenen Landschaft bedingen, es muß etwas Höheres sein, etwas, was über dem Reich des Sichtbaren und Begreifbaren liegt. Und es ist auch keine Selbsttäuschung, daß die Tiere des Flusses ihren Tonstil haben wie auch die des Waldes, der Steppe, Wiesen und Meere. Vermag doch der Vogelforscher, wenn er in dunkler Nacht Vögel über sich rufen hört, meist leicht zu entscheiden, ob es sich um Bewohner der Felder oder des Wassers handelt, selbst wenn er nicht einmal eine Ahnung hat, ob es ein Schnepfen- oder Singvogel sein kann. — Und warum lauschen wir so gern den unermüdlichen Sängern im Käfig, wenn sie uns nicht hineinversetzen könnten in das Rauschen des Waldes, wenn sie uns nicht den würzigen Duft taufrischer Frühlingsmorgen mit ihrem Singen ins Zimmer brächten? Mag ein ausländischer Vogel noch so gut und klangschön singen: wir können uns an seinen Melodien nicht so von Herzen freuen, weil uns seine Heimat so kalt und fremd ist. Die schlichte Weise eines Zeisigs kann unsere Seele mehr erfrischen als der dramatische Gesang der Schamadrossel, die wir vielleicht erst dann richtig „verstehen" würden, wenn wir ihre sagenumwobene, märchenhafte Heimat kennten.

Zeigen uns nicht die einzelnen Stimmen, denen wir geradezu die landschaftliche Herkunft ablauschen können, daß sie einer großen, mächtigen Harmonie entnommen sind, daß sie Teile, Bausteine sind zum tönenden Reich der Natur? Denn alle diese einzelnen Stimmen — mögen sie auch nicht immer gleich ihren Landschaftscharakter kundgeben — verweben sich draußen ja doch zu dieser wundersamen und unbegreiflich schönen Harmonie. Ein Vogelkonzert im morgengrauenden Wald weist keine Mißtöne auf — alles schwebt wie ein großer, gewaltiger Chor über der Landschaft, und jede kleine Vogelkehle stellt nur ein einziges, abgestimmtes Instrument dar, um die Waldessymphonie mitzugestalten. Diese eine herrliche Waldesmelodie können wir als solche gar nicht fassen, wenn wir sie zergliedern in die einzelnen Stimmen. Nein, wir können sie einzig und allein als Ganzes erleben! Und nur der Künstler ist fähig, das Erlebnis einer solchen Melodie nachzuschaffen. Nicht indem er die einzelnen Weisen auseinandernimmt und dann wieder zusammensetzt, sondern indem er aus dem Ganzen schöpft und uns daraus wieder das Ganze erstehen läßt.

Diese tönende All-Einheit, diese melodische Harmonie ist gewissermaßen das System, in das die Vogel- und anderen

118

Tierstimmen eingebaut sind. Es ist ein System notwendiger Anpassung, einer Anpassung, die wir im Reiche des Sichtbaren wohl biologisch-wissenschaftlich erklären und begründen, aber in der tönenden Welt, in ihrer ganzen Bedeutung nur ahnen können. Aber auch die Anpassungserscheinungen im Reich des Sichtbaren können wir nur unvollkommen verstehen, wenn wir uns auf das Begreifen beschränken. Belastet mit dem Vorurteil, daß sich ein Lebewesen der Umwelt anpassen müsse, erst allmählich seine Form so zurechtschleifen soll, daß es in die tote und lebendige Außenwelt paßt, in die es nun einmal gesetzt wird, vermögen wir nie an den wahren Urgrund der schöpferischen Harmonie zu rühren. Steine, Meere und Lebewesen — sie entstammen einer einzigen göttlichen Melodie, dem hehren Wort, das am Urbeginn war. Anorganisches und Organismisches müssen immer und überall tief innerlich verbunden sein; überall schwebt ja die gleiche Harmonie des Gestaltungswillens in der Natur und auch in unserer schöpferischen Innenwelt selbst. Nicht auf das Sichtbare allein bezieht sich jene urverbundene Harmonie, sondern auch auf das Hörbare. Wir können ja den Ton sichtbar machen, die Melodien mathematisch begreifen, Tonfolgen durch Linien ausdrücken. Und ebenso kann ein Linien- und Farbsystem hörbar sein, wenn man nur nicht sklavisch an einem Sinnesorgan hängt und nicht nur den berechnenden Geist befragt, sondern auch den innersten Regungen der eigenen Seele Beachtung schenkt. Wer bei Musik Farben sieht und wem die Architektur (wie Goethe) wie gefrorene Musik erscheint, wer sich nur nicht ängstlich verschließt vor solchen Überblendungen der Sinne, dem wird der Weg ins Reich des Metaphysischen geöffnet sein, in das Reich jenseits der hemmenden Materie, aus dem alles entspringt und in das alles einmündet.

Das wichtigste Schrifttum.

Autrum H., Über Lautäußerungen und Schallwahrnehmung bei Arthropoden. Zeitschr. f. vergl. Physiologie d. Tiere. 1936.

Böker, H., Die Bedeutung des Gesangs der Vögel in biologisch-anatomischer Behandlung. Naturwissenschaften 11, 1913/14.

Cinat-Thomson, H., Die geschlechtliche Zuchtwahl beim Wellensittich. Biol. Zentralblatt 1926.

Dacqué, E., Urwelt, Sage und Menschheit. München und Berlin 1931.

—, Urgeschichte. München und Berlin 1936.

Frieling, H., Gesangsentartung bei Stadtvögeln. Beitr. z. Fortpflanzungsbiologie der Vögel. 1936.

Frisch, K. v., Über den Gehörsinn der Fische. Biol. Revue Cambridge philos. Sett. 11, 1936.

Groebbels, F., Die Vogelstimme und ihre Probleme. Biol. Zentralbl. 1925.

Heinroth, O., Die Lautäußerungen der Vögel. Journ. f. Ornith. 1924.

—, Muß der Vogel seinen Gesang lernen? Beitr. z. Fortpflanzungsbiol. der Vögel. 1927.

Heinroth, O. u. M., Die Vögel Mitteleuropas. Berlin, ab 1924.

Hesse-Doflein, Tierbau und Tierleben. Leipzig und Berlin 1935.

Hoffmann, B., Kunst und Vogelgesang. Leipzig 1908.

—, Das Spotten der Vögel. Verh. Orn. Ges. i. Bayern. 1925.

—, Von Certhiamischsängern. Ornith. Monatsber. 1927.

Howard, H. E., An introduction to the study of Bird behaviour. Cambridge 1929.

Jouard, H., De la variabilité géographique de la voix du Pouillot véloce. Bullet. Soc. Zool. Genève 4, 1929.

Kleinschmidt, O., Die Formenkreislehre und das Weltwerden des Lebens. Halle 1926.

Lorenz, K., Beiträge zur Ethologie sozialer Corviden. Journ. f. Orn. 1931.

Lynes, H., Remarks on the geographical distribution of the Chiffchaff and Willow-Warbler. Jbis, 1914.

Meisenheimer, J., Geschlecht und Geschlechter im Tierreich. Jena 1921.

Nicholson, E. M., How birds live. London 1929.

Prochnow, O., Die Lautsprache der Insekten. Guben 1907.

Regen, J., Über die Anlockung des Weibchens von Gryllus campestris L. durch telephonisch übertragene Stridulationslaute des Männchens. Pflügers Archiv 155, 1913/14.

Rensch, B., Das Prinzip geographischer Rassenkreise und das Problem der Artbildung. Berlin 1929.

120

Rüppell, W., Physiologie und Akustik der Vogelstimme. Journ. f. Orn. 1933.

Scharrer, E., Stimmen und Musikapparate bei Tieren und ihre Funktionsweise. Handbuch der norm. und pathol. Physiol. XV, 2.

Scheminzky, F., Die Welt des Schalls. Das Berglandbuch, 1935.

Schmid, B., Die Sprache und andere Ausdrucksformen der Tiere. München 1923.

Selous, E., Schaubalz und geschlechtliche Auslese beim Kampfläufer. Journ. f. Ornithol. 1929.

Stadler, H., Das Spotten der Vögel. Orn. Monatsschrift. 1935. (Dort Literatur!)

Stetter, H., Untersuchungen über den Gehörsinn der Fische. Zeitschr. f. vergl. Physiol. 1929.

Stresemann, E., Aves. In Handbuch d. Zoologie. Berlin und Leipzig 1927—1934.

Zimmer, C., Der Beginn des Vogelgesangs in der Frühdämmerung. Verh. Orn. Ges. in Bayern. 1919.

Anhang: Analyse der Tierstimme.

Die Töne, die man sich als Wellenbewegungen bestimmter Eigenart (optisch!) vorzustellen hat, können in der verschiedensten Weise analysiert werden. Geräusche können auf ihre Entstehung untersucht, Klänge mathematisch erfaßt und in Klangbildern festgehalten werden. Auf die Methoden der Klanganalyse, die auch für die Beurteilung der Tierstimmen eine wichtige Rolle spielt (vgl. B. Schmid, Regen u. a. Forscher), können wir hier nicht eingehen und verweisen dafür auf die gute und klare Zusammenstellung im Handbuch der normalen und pathologischen Physiologie XV, 2. Aber nicht nur vom physikalisch-akustischen Standpunkt kann man an die sachliche Erforschung der Tierstimmen gehen, sondern auch vom musiktheoretisch-mathematischen, wenn wir so sagen dürfen. Die musikalische Erfassung der Tier-, insbesondere der Vogelstimme geht Hand in Hand mit der schriftlichen Darstellung eines Vogelgesangs oder des Froschkonzertes. Bereits in der Mitte des 17. Jahrhunderts tauchen erstmalig Versuche auf, Vogelgesänge aufzuzeichnen (Athanasius Kircher, Musurgia universalis sive ars magna consoni et dissoni, 10 Bände!). Im 19. Jahrhundert gab es nur wenige Stimmenaufzeichner. Unter ihnen soll auch Karl Loewe, der bekannte Balladenkomponist, erwähnt werden. Er hat in Notenschrift einige Vogelgesänge sehr kritisch aufgezeichnet. Im übrigen hatte man Vogelgesänge meist in Silbenschrift wiederzugeben versucht. An erster Stelle ist wohl Naumann zu nennen, dessen Stimmenaufzeichnungen geradezu Vokabeln für die Ornithologie geworden sind und die man zum Darstellen benutzt, auch wenn sie zuweilen recht fragwürdigen Wertes sein mögen. Das 1894 erstmalig erschienene Exkursionsbuch des Leipziger Schulprofessors A. Voigt war für die Entwicklung der Vogelstimmenaufzeichnungen geradezu wegweisend. In seltener Begabung versuchte er nahezu alle Vogelstimmen wiederzugeben und benützte dazu neben einer manierlichen Silbenschrift vor allem Noten und besondere Lautschriftzeichen, mit denen man auch Geräusche u. dgl. andeuten konnte. Vor allem bezog sich Voigt auf die Darstellung der Tonhöhe, Intervalle und Metrik, während er die so bezeichnenden Klangfarbe und dem Rhythmus der Stimme vielleicht zu wenig Beachtung schenkte. Etwas später vervollkommneten dann noch manche andere Vogelstimmenkenner das System der Darstellung, ohne aber wirklich grundsätzlich Neues zu bringen. Die erste bedeutende (neuere) Darstellung des Vogelgesangs vom Standpunkt des Musikers verdanken wir B. Hoffmann, in dessen Arbeiten der interessierte Leser viele Notenbeispiele findet. Mit der fortschreitenden Technik konnte es nicht ausbleiben, daß die Mitteilung und Weitergabe des Wissens vom Vogelgesang und der Stimme anderer Tiere auch von Ohr zu Ohr versucht wurde durch das Verfahren der Tonaufnahme. Reich, ein Bremer Vogelliebhaber, bannte die Stimmen seiner Lieblinge auf die Schallplatte und erzielte wirklich wertvolle Wiedergaben. Heck vom Berliner Zoologischen Garten schrieb das erste tönende Buch, in dem man Text, Bild und Schallplatte vereinigt findet. Den Wert wirklicher Natururkunden besitzen natürlich nur im Freien aufgenommene Tierstimmen. Wir kennen ein ausgezeichnetes amerikanisches Werk in dieser Richtung und erhielten in jüngster Zeit von Heinroth und Koch das erste deutsche tönende Natururkundenbuch. Neben Kenntnis sollen diese tönenden Bücher zweifellos auch Erleben vermitteln; und das ist immerhin ein beachtlicher Fortschritt, wenngleich wir darüber auch nie vergessen dürfen, daß die Schallplatte nur ein dünner Abklatsch wirklichen Naturerlebens ist und sein muß.

Die Methoden der Sichtbarmachung von Vogelstimmen wollen wir nun im folgenden auf ihre Grundlagen prüfen, um zu erkennen, inwieweit man berechtigt ist, Vogelstimmen in Wort und Notenschrift wiederzugeben. Wir beschränken uns hierbei auf das Wesentlichste und verweisen auf das Buch von Hoffmann (Kunst und Vogelgesang, Leipzig 1908).

Die Silbenschrift.

Klanganalytische Untersuchungen haben gezeigt, daß z. B. im Bellen des Hundes tatsächlich Töne und Laute nachzuweisen sind, die unseren Vokalen und Konsonanten gleichen; dasselbe ist für einige Vogelstimmen festgestellt worden. Die erste Grundlage für die Berechtigung einer Silbenschrift wäre also gegeben. Da man freilich nun nicht jede Tierstimme erst glyphisch und graphisch aufnehmen kann, so bleibt vielfach der Eindruck des Beschreibers als Unterlage für die Aufzeichnung allein übrig. Man hat praktisch alle Konsonanten und Vokale (auch Doppellaute) in der Vogelstimme heraushören können; sehr verbreitet sind die Konsonanten d, t, b, p, s, r, selten dagegen f, n und m, welche wir dafür bei manchen Säugetieren antreffen können. Daß die vom Menschen völlig verschiedenen Stimmorgane der Vögel nicht grundsätzlich einen Vergleich zwischen Menschen- und Tierlauten verbieten, ist ja sicher; denn niemand wird vor einem sprechenden Papagei im unklaren sein, ob er ein „a" oder ein „r" hört.

Schwierig ist nun bloß die Schreibweise der Vogelstimmen dann, wenn mehrere Konsonanten und Vokale gleichzeitig angeschlagen werden. Diese Erscheinung der unreinen Lautbildung ist geradezu die Regel bei der Tierstimme. Der Waldlaubsänger läßt z. B. am Schluß seines Liedes ein Schwirren hören, das stets mit „sirrr" wiedergegeben wird, wobei aber in Wirklichkeit s, r und i gleichzeitig erschallen, so daß man die drei Laute eigentlich untereinander schreiben müßte. Anderseits könnte man ebensogut srrri oder rrrssii oder gar zirrrrs schreiben. In der Tat herrscht hier eine große Willkür in der Schreibweise; jeder hört den Laut wieder anders. Nun hat sich aber, wie schon erwähnt, für viele Laute geradezu eine bestimmte, vokabelhafte Schreibweise eingebürgert, die dann völlig genügt, wenn der Fachmann weiß, was damit gemeint ist.

Gewiſſe „Vokabeln" und Überſetzungen haben ſich ſo allgemein eingebürgert, daß jeder, der den betreffenden Tierlaut hört, dieſem gleich
ein beſtimmtes Wort unterlegt. Ich erinnere an Kuckuck und kikeriki, wau-
wau, muh, iah uſw. Einer wirklichen Prüfung halten dieſe Lautſchreibungen
oft kaum Stand; ſo könnte man den Kuckucksruf vielleicht noch beſſer mit
„hagug" überſetzen. Immerhin herrſcht gerade beim Kuckucksruf eine ziemlich übereinſtimmende Auffaſſung in den Sprachen aller Völker, die den
Vogel kennen. Ein K und U hören die Deutſchen ebenſo heraus wie die
Franzoſen und Engländer. Beim Hahnenſchrei iſt der Spielraum hingegen
ſchon größer; weder Konſonanten noch Vokale ſind gleichgeblieben. Unſer
„Kikeriki" hören die Italiener „chichirichi", die Franzoſen „coquericot"
(ſprich: kokerikoh), die Engländer ſogar „cockediddle dow" (ſprich: kokedidl
dau) oder auch „cockadoodle doo" (ſprich: kokedudl duh)! Dabei rufen die
Hähne in Deutſchland auch nicht anders als in Frankreich und Italien! Die
Schwierigkeit, den Hahnenſchrei übereinſtimmend wiederzugeben, liegt einmal daran, daß er (wie die Klanganalyſe ergeben hat) typiſch diſſonant iſt,
weil nämlich Larynx und Syrinx nicht „richtig" aufeinander eingeſtellt ſind,
und zweitens auch daran, daß in der Tat jeder Hahn etwas anders kräht.
Man kann ſpaßeshalber verſchiedenen Hähnen die verſchiedenen, eben genannten Überſetzungen unterlegen und wird bald „franzöſiſche", bald „eng-
liſche" Hähne herausfinden!

„Kuckuck" und „Kikeriki" ſind nun immerhin ſchon „ernſthafte" Be-
mühungen, die Tierſtimme originalgetreu zu überſetzen. Weit willkürlicher
erſcheinen die vielen lautmalenden Namen oder die zahlreichen volkstüm-
lichen Überſetzungen. Jeder hört ſchließlich das heraus, was er gern hören
möchte, und macht ſich ſo die für ihn an ſich unverſtändliche Tierſtimme ver-
ſtändlich, ganz nach ſeinen eigenen Wünſchen. So läßt der Verliebte die
Goldammer ſingen: „Wie wie wie hab ich dich lieb", während der Bauer
— immer im Beruf — ſich von dem „Baur, Baur, Baur, ſo zieht's" etwas
freundſchaftlich verſtanden fühlt und zugleich das Schickſalhafte der Bauern-
arbeit darin andeutet. Durch das Kohlmeiſenliedchen („Spitz die Schar, Spitz
die Schar") läßt er ſich gern erinnern, daß es an der Zeit iſt, umzupflügen.
Davon gibt es noch eine große Menge Beiſpiele. In der Erfaſſung des
Liedcharakters geradezu genial iſt die Überſetzung des Schwalbenliedes:
„Mädchen, wollt Hemdchen nähn und habt keinen Zwirrrrrn!" Hier kommt
das haſtige Schwätzen der Frau Schwalbe und der niedliche Schlußroller
außerordentlich originell und treffend zum Ausdruck. Unglaublich vielfältig
ſind die Unterlegungen, die ſich der Pirol (auch dieſer Name iſt ſchon lautmalend) gefallen laſſen muß. Am Teutoburger Wald ruft er „Lüt, lott de
Kögge ut!", der Niederöſterreicher verſteht „Gugl Vieh aus", der Mecklen-
burger Pirol ſchmückt ſich mit dem Namen „Bülow", während der Emsländer
Pirol kundgibt, daß er „Herr vom Eckhof" heißt. Andrenorts heißt man den
Kirſchendieb, der ſich um die Pfingſtzeit bei uns einzuſtellen pflegt, „Bier-
holer, Wiegelwagel, Goliath" und noch anders. Die Bezeichnung „Star"
iſt ebenfalls lautmalend, noch treffender ſind aber die dialektiſch verſchiedenen
Bezeichnungen „Spreehe, Spreu, Sprei" dem Lockruf abgelauſcht. In vielen
anderen Fällen verſucht man gar nicht erſt bei der Benennung den Vogel

124

zu imitieren, sondern man begnügt sich mit vergleichenden Bezeichnungen. So nennt man an der Küste den Alpenstrandläufer, dessen schwirrender Stimmfühlungslaut wie tirrr oder trri klingt, Weckuhr, weil sein Ruf, besonders, wenn er von vielen gleichzeitig ausgestoßen wird, dem Schrillen eines Weckers in der Tat nicht unähnlich ist. Den Wachtelkönig nennt man wegen seiner knarrenden Stimme auch Wiesenknarre, die Rohrdommel wegen ihres dumpfen Rufes Moorochs usw. Der Beispiele gäbe es genug. Auch die lateinisch-griechischen, wissenschaftlichen Vogelnamen enthalten vielfach Aussagen über die Stimme des Trägers. Lautmalend ist cuculus und oriolus ebenso wie unser Kuckuck und Pirol. Der Zilpzalp, den die Engländer übrigens chiffchaff nennen, trägt den griechischen Artnamen collybita, was auf kollybistes = Geldwechsler zurückgeht und sicher einen recht netten und originellen Vergleich des zipzap...-Gesanges mit dem monotonen Klippen und Klappen aufgezählten Geldes darstellt. Neben vielen lautkennzeichnenden Namen gibt es noch eine Menge, die nur andeuten, daß es sich hier um einen singenden (Sänger), pfeifenden (Flötenvogel), schwirrenden (Schwirl), schmatzenden (Schmätzer), weinenden (Weindrossel) oder anderen Vogel handelt, oder die auch noch die Art des Singens usw. wieder näher bezeichnen (Nachtigall = die in der Nacht gellende).

Immer geht aus derartigen Beispielen hervor, wie der Mensch, gerade der Landbewohner, bestrebt ist, den Vogelstimmen, die er in Wirklichkeit nicht versteht, eine Erklärung, Aufforderung oder Weissagung unterzulegen usw., kurz, auf seine Art und Weise zu versuchen, den Vogel wieder zu verstehen. Unter dem Mantel der Wissenschaft tut dies der Ornithologe schließlich auch nur, wenn er sich dessen auch keineswegs bewußt zu sein braucht!

Die Notenschrift.

Man kann nur Töne in Noten wiedergeben, man kann in der Notenschrift und Musikwissenschaft nur etwas nach seiner Rhythmik, Metrik, Melodie, Harmonie, Schnelligkeit und Phrasierung faßbares in die fünf Linien als Musikstück eintragen. Inwieweit nun der Vogelgesang berechtigt, von den genannten Begriffen zu sprechen, soll hier kurz erläutert werden.

Während die Säugetiere und Amphibien gewöhnlich eine Tonhöhe einhalten, die mit der übereinstimmt, die der Mensch erreichen kann, liegen die Vogelstimmen durchschnittlich schon über unserer normalen Pfeiftonlage, etwa in der drei- bis viergestrichenen Oktave. Sehr hohe Stimmen besitzen die Goldhähnchen, tiefe Kuckucke und Raben. Viele Vögel verfügen nur über wenige Töne, andere wieder zeigen beachtliche Intervalle innerhalb ihres Liedes. Sekunden, Terzen (Kuckuck), auch Oktaven (Flötenwürger) können einwandfrei erkannt werden. Im Gesang des Gelbspötters (Notenbild 8)

Abb. 8. **Gelbspötter** (nach Hoffmann).

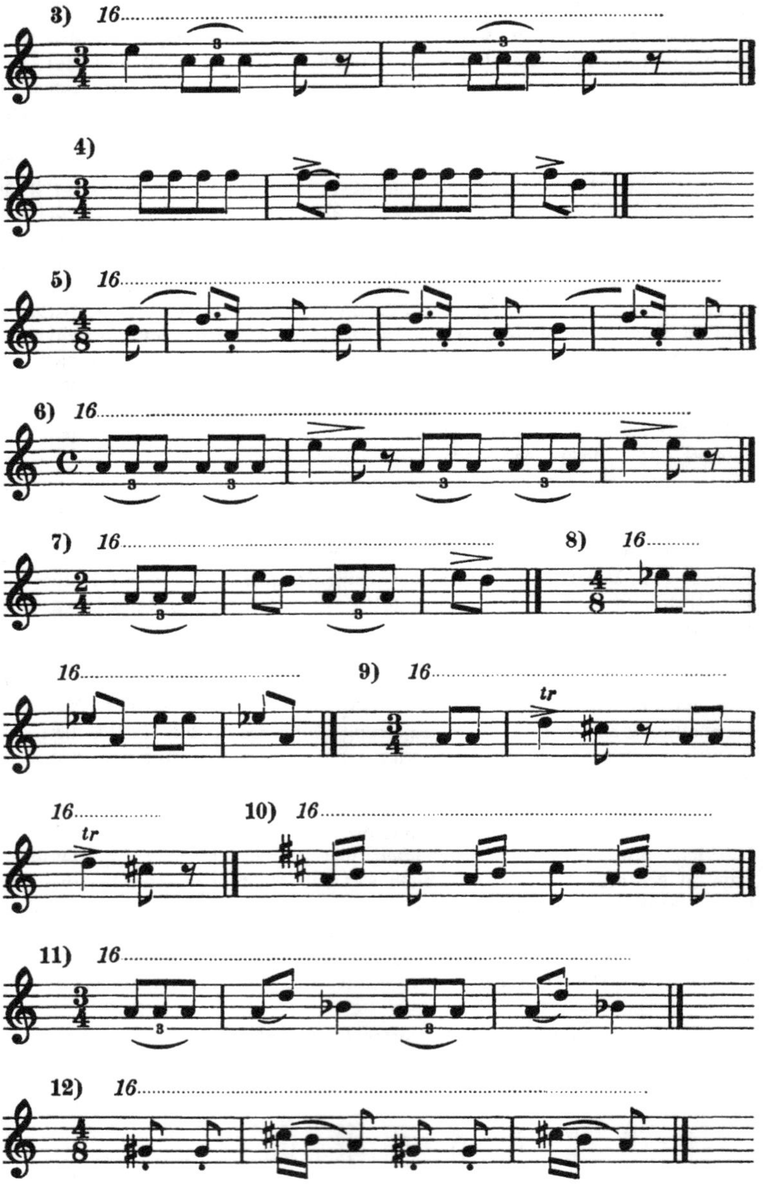
3) 16
4)
5) 16
6) 16
7) 16
8) 16
16
9) 16
tr
16
tr
10) 16
11) 16
12) 16

werden außerordentlich verschiedene Intervalle beobachtet: Sekunden, Terzen,
Quarten, Quinten. Betrachtet man die einzelnen Töne als Teile von akkor-
dischen Klängen, so sieht man, daß die meisten Motive des Gelbspöttergesan-
ges sich auf sehr einfachen harmonischen Verhältnissen aufbauen. „Entweder liegt ihnen der Dreiklang der Tonika zugrunde, wie z. B. in den Motiven 3, 5 und 6 (s. b.), oder wir beobachten sehr einfache Harmoniewechsel,
wie sie auch in unserer Musik üblich sind. Im Motiv 9 haben wir es in der
Hauptsache mit einem Wechsel von Unterdominant- und Tonikadreiklang oder
von Quartsextakkord und Dreiklang der Tonika zu tun." (Hoffmann). Nicht
immer aber lassen sich diese Tonschritte so rein verfolgen; der Teichrohrsänger, der überhaupt kleinere Intervalle bevorzugt, bringt diese oft recht
unsauber. Noch viel besser als am Beispiel des Gelbspötters offenbart sich
aber im Gesang unserer Singdrosseln und Amseln die musikalisch faßbare
Grundlage. Gerade der Singdrosselgesang (Notenbild Abb. 9) ist sehr rein

Abb. 9. **Singdrossel** (nach Hoffmann).

127

11) 12) 13) 14) 15) 16) 17)

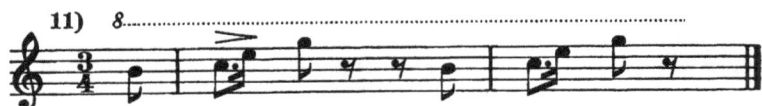

und vollklingend, wenn gelegentlich auch schirkende und mißtönige, ja geradezu tonlose Geräusche gebracht werden. Wir stützen uns im folgenden wieder auf Hoffmann: In der Musik gibt es zweierlei Tonschritte (den melodischen und den harmonischen); im Gesang der Singdrossel konnte der genannte Autor diese beiden Fortschreitungen zweifelsfrei aufdecken. Die Drossel reiht manchmal kleine Tonschritte perlschnurartig aneinander, die meist dieselbe Richtung entweder nach oben oder nach unten beibehalten. Das wäre die melodische Tonfortschreitung (vgl. Motiv 1). Die Kleinheit und Raschheit der Schritte in derartigen Motiven erklärt, daß die sich in solchen Tonreihen folgenden Intervalle nicht immer mit den unsrigen übereinstimmen. Daß wir aber trotzdem die Intervalle noch deutlich erkennen können, zeigt das Motiv 3. Ein andermal hörte Hoffmann deutlich die Sekunde und als Vorschlagston[1]) die Terz (4). Auch Motiv 5 zeigt kleine Intervalle. Viel häufiger als die melodische Fortschreitung vernimmt man aber die harmonische. Die hier gebrauchten Tonschritte decken sich größtenteils mit den Intervallen unseres Durdreiklangs. Prachtvoll rein sind die Motive 6 bis 10. Auf höherer Ausbildungsstufe des Motivs erscheint weiterhin, wie bei der Motivbildung unserer Komponisten, vor dem Durdreiklang in aufsteigen-

---

[1]) Der Vorschlagston ist im Notenbeispiel aus drucktechnischen Gründen ausgelassen worden.

der Richtung als Auftakt die Untersekunde, oder in absteigender Richtung vor der Terz, ebenfalls als Auftakt, die Quarte (11, 12). Auch die Sexte tritt hie und da rein hervor, meist steht sie vor der Quinte, und zwar als Durchgangston, z. B. in dem reizenden Motiv 13. Selbständiger erscheint die Sexte, mit der übermäßigen Quarte als Durchgangston zur Quinte im Motiv 14. Was die harmonische Seite der Singdrosselgesänge betrifft, so beruhen zahlreiche Motive, wie gesagt, auf dem Tonikadreiklang. Den Molldreiklang zeigt das Motiv 15. Harmoniewechsel zeigen die Motive 16 und 17. Charakteristisch für die Drosselgesänge sind die zahlreichen Wiederholungen und „Umkehrungen". Es scheint oft geradezu, als freue sich der Vogel selber an den netten Einfällen und brächte sie immer wieder und in anderer Modulation hervor! Gerade bei den nicht sehr formfesten Gesängen findet man immer wieder überraschende Abweichungen, und es kommt vor, daß jeder Vogel „seine eigene Variante" pfeift. Bei einigen Individuen, besonders Drosseln und Amseln, kann man regelrecht von Leitmotiven reden, die tage- und monatelang immer wieder an unser Ohr schallen und an denen wir einen ganz bestimmten Vogel immer wieder erkennen können. Eine besonders schön singende Drossel konnte Hoffmann wie folgt notieren (Notenbeispiel Abb. 10).

Abb. 10. **Singdrossellied** (nach Hoffmann).

Auch von einer besonders netten Variation möchten wir ein Beispiel geben, es handelt sich um den allbekannten Pirolruf (Notenbild 11). Immerhin han-

Abb. 11. Pirol, Variationen (nach Hoffmann).

delte es sich bei den vorliegenden Gesängen um nicht lückenlos vorgetragene Stücke. Ein wirklich lückenloses Singen kennen wir in schönster Form von der Lerche. Sie singt sowohl während des Ein- als auch des Ausatmens viele Minuten lang ununterbrochen! Wie der Komponist seine symphonischen Sätze aus Motiven und deren Varianten aufbaut, so auch die Lerche. Trotz der schwierigen Intervallbestimmung bemerkt das musikalische Ohr doch, daß hier mehrere in sich abgeschlossene kleine Hauptmotive zugrunde liegen, welche nicht nur in den verschiedenen tonlichen Umstellungen, sondern auch mannigfach zerlegt, gekürzt oder verlängert, immer wiederkehren. Wir haben also hier etwas ganz Erstaunliches vor uns, nämlich den „Aufbau eines ganzen, oft lang ausgesponnenen Satzes, nicht aus wüst durcheinandergeworfenen Tönen, sondern aus zu Themen geordneten Tongruppen und ihren verschiedenartigen, im Rahmen gewisser Grenzen sich abspielenden Umgestaltungen!" (Hoffmann).

Hatten wir im vorangehenden über Intervalle und Motive ganz allgemein gesprochen, so ließen wir die Rhythmik doch noch unbeachtet. Gerade der zuletzt erwähnte Lerchengesang legt uns nahe, daß von einer solchen eigentlich nicht gut gesprochen werden darf. Wohl gibt es kürzere und längere Noten, aber diese stehen doch in keinem gesetzmäßigen Zusammenhang. Und doch läßt sich bei einigen klaren Beispielen auch eine Rhythmik zeigen. Schon das Gequake der Wasserfrösche ist durchaus rhythmisch, ebenso das Räbräb des Laubfrosches. Unken rufen alle zwanzig Sekunden ihr „ung", und auch der Paarungsruf der Erdkröte zeigt in gewissem Sinn einen rhythmischen Charakter. Vom rhythmischen Alternieren mancher Heuschrecken sprachen wir schon. Bei den Vögeln, die einzelne Rufreihen hören oder in bestimmten Abständen ihren Daseinsruf ertönen lassen (die Goldammer ruft

130

oft minutenlang in vollkommen gleichen Abständen, auf der Spitze eines Baumes sitzend, ihr zrit), können wir aber immer noch nicht von einer der Musik vergleichbaren Rhythmik sprechen, wo Hauptwerte und gegliederte Unterwerte zu unterscheiden sind. Vielleicht aber ist das Ruchsen der Ringeltaube bereits als auf hoher rhythmischer Stufe stehend zu werten. Hoffmann beschreibt es folgendermaßen (Notenbild 12). Hier wechseln bereits

Abb. 12. **Das Lied der Ringeltaube** (nach Hoffmann).

gr   gruh   gr   gr   oder   gr   gr   gruh   gr   gr

Zwei- und Dreizähligkeit ab. Auch der Wachtelschlag, das bekannte pickwert wick, ist ausgesprochen rhythmisch gegliedert. Unsere Kohlmeise setzt ebenfalls sehr deutlich Viertel- und Achtelwerte gegeneinander ab und zeigt eine Zwei- und Dreizähligkeit in ihren ansprechenden Motivchen. An unseren Beispielen von Drossel und Gelbspötter wird sich ebenfalls jeder von einer zweifellos bestehenden Rhythmik überzeugen können. Hier ordnen sich selbst die Pausenzeiten den Notenwerten unter. Geradezu metronomartig rhythmisch wirkt der Gesang des Drosselrohrsängers, der mit seinem ewigen kar kar kar kiek kiek kiek kar kar kar kiek kiek kiek ... wirklich einschläfernd wirken kann. „Häufiger als man gewöhnlich denkt, werden von gewissen Vögeln zahlreiche kurze, rhythmische Werte gleicher oder benachbarter Töne zu einem Tremolo (Roller) oder Triller zusammengezogen" (Hoffmann). Waldlaubsänger, Zaunkönig, Schwirl, Heidelerche u. a. Vögel gehören hierher. Nur aus Rollern besteht das „Lied" der Wechselkröte und das etwas auf- und abgehende „Spinnen" der Nachtschwalbe.

Die vorhin wiedergegebenen Singdrosselgesänge tragen einen Taktstrich. D. h. wir können bereits bei (vielen, nicht allen) Vogelgesängen von Metrik sprechen. Der Kuckuck, dessen zweitöniger Ruf sehr leicht zu erfassen ist, betont deutlich die erste Silbe. Da ferner zwischen den einzelnen Rufen Pausen auftreten, die sich genau dem Rufrhythmus anpassen, so können wir, trotz der Kürze des „Kuckuck" die Taktart genau angeben. Übrigens geht das Vorhandensein einer gewissen Metrik nicht parallel mit den Bezeichnungen „schönerer, schönster" Gesang, sondern gerade bei der Nachtigall finden wir fast keine Metrik im Lied, das fast aus gleich hohen Tönen besteht und das eigentlich nur wegen seiner herrlichen Klangfülle gefällt. Aber auch das Tempo, das die Nachtigall in allen Formen beherrscht, ist ein Anlaß zur Bewunderung dieser herrlichen Sängerin. Die bekannten, gezogenen düh düh düh-Strophen, die am Ende (im ganzen oder auch innerhalb eines Notenwertes) anschwellen (Crescendo), werden in der Tat Largo vorgetragen, während die „watiwatiwati-Strophe" Allegro oder Presto gebracht wird. Es kann sogar im Nachtigallengesang dem Ritardando ein unmittelbar anschließendes Accelerando folgen. Im übrigen ist es recht schwer, die Tempobezeichnung bei allen Vogelgesängen anzugeben.

131

Urwelt, Sage und Menschheit. Eine naturhistorisch-metaphysische Studie von **Edgar Dacqué.** 6. Auflage. 376 Seiten. 8°. Broschiert RM. 7.50, in Leinen gebunden RM. 9.50.

Inhalt: Einführung: Theorie und Wissenschaft. Wirklichkeitswert der Sagen und Mythen. — Naturhistorie: Typenkreise und biologischer Zeitcharakter. Das erdgeschichtliche Alter des Menschenstammes. Körpermerkmale des sagenhaften Urmenschen. Urmensch und Sagentiere. Die Atlantissage. Die geologische Erklärung der noachitischen Sintflut. Der Wesenskern des Sintflutereignisses. Die kosmische Erklärung der noachitischen Sintflut. Datierung und Raumbegrenzung der noachitischen Sintflut. Jüngere Fluten und Landuntergänge. Sagen von Mond und Sonne. Sternsagen. Gondwanaland. — Metaphysik: Das Metaphysische in Natur und Mythus. Natursichtigkeit als ältester Seelenzustand. Kulturseele und Urwelt. Naturdämonie und Paradies. Die Natur als Abbild des Menschen. Die Quelle der Weltentstehungs- und Weltuntergangssagen. Seelenwanderung, Tod und Erlösung.

Aus der Urgeschichte der Erde und des Lebens. Tatsachen und Gedanken. Von **Edgar Dacqué.** 230 Seiten, 46 Abbildungen. 8°. In Leinen gebunden RM. 4.80.

Inhalt: Zeiträume der Erdgeschichte. Die Zeitermittlung. — Die Urbesiedelung von Meer und Land. Geographische Wanderungen. Entstehungs- und Rückzugsplätze. — Bauformen der organischen Natur. Nachahmungen bei Typen. Die nützlichen Anpassungen. Die Baumaterialien. — Das Werden des Vierfüßers. Die Säugetierentfaltung. Die Extremitätenbildung. — Die Entwicklung des Flugtieres. Entstehung des Fluges. — Die Sinnes- und Ursinnessphäre. Augen bei niederen Tieren. Ursinne bei höheren Tieren. — Entwicklung und Umwelt. Vom Primitiven zum Spezialisierten. Anpassung und Spezialisierung. Entwicklung und Stammbaum. — Rhythmen in der Erdgeschichte. Land- und Meereswechsel. Große Klimawellen. Rhythmen im organischen Reich. — Zeit und Tod im organischen Dasein. Gattungs- und Artentod. — Die Entstehung des Lebens. Der Stammbaum. Erstes Leben. — Erde und Kosmos. Frühere Erdtrabanten. — Abstammung und Alter des Menschengeschlechts. Urmensch und Sagenwelt. Urtümliche Seelenzustände. — Vom Umbruch der Erkenntnis.

Die Erdzeitalter. Von **Edgar Dacqué**. 2. Auflage. 576 Seiten, 396 Abbildungen, 1 Tafel. Gr.-8°. In Halbleder gebunden RM. 12.50.

> Inhalt: Einleitung. Gestaltung der Erdoberfläche in der Vorwelt. — Die Geologischen Anschauungsgrundlagen. — Das Zeit- und Raumbild der Erdepochen. — Geotektonische Theorien. — Entwicklungsgeschichte des Lebens in der Vorwelt. — Das Fossilmaterial und seine Darstellung. — Tier- und Pflanzenwelt in den Erdzeitaltern. — Entwicklungsgeschichtliche Ergebnisse. Schlußabschnitt. Anhang.

Natur und Erlösung. Von **Edgar Dacqué**. 147 Seiten. 8°. Broschiert RM. 3.50, in Leinen gebunden RM. 4.80.

> Vom Sinn der Erkenntnis. — Die gefallene Welt. — Goethes Wesen und das Urbild im Dasein. — Religiöser Mythus und Abstammungslehre.

Vom Sinn der Erkenntnis. Eine Bergwanderung von **Edgar Dacqué**. 196 Seiten. 8°. Kartoniert RM. 4.80.

> „Ein gewichtiges, wertvolles Glaubensbekenntnis, für das wir seinem Verkünder von Herzen dankbar sind."   Christentum und Wirklichkeit.

Natur und Seele. Ein Beitrag zur magischen Weltlehre von **Edgar Dacqué**. 3. Auflage. 201 Seiten. 8°. In Leinen gebunden RM. 4.80.

Leben als Symbol. Metaphysik einer Entwicklungslehre von **Edgar Dacqué**. 2. Auflage. 259 Seiten. 8°. In Leinen gebunden RM. 4.80.

> „Dacqué ist ein echter Gelehrter dieses Jahrhunderts. Er denkt nämlich nicht nur mit dem Kopf, er denkt auch mit dem Herzen. Dieser Philosoph, dessen Werk immer mehr Geltung gewinnt und gerade im neuen Deutschland gewinnen muß, hat erkannt, daß letzte Dinge intuitiv aus gläubigen, erfüllten Naturen kommen, nicht aber erdacht, errechnet, konstruiert werden. Dacqué ist Philosoph unserer Zeit auch in seinem Bedürfnis nach umfassender Bewältigung der ganzen Lebensfrage, so daß sein Werk als ein Markstein an dem geistesgeschichtlichen Wendepunkt anzusprechen ist."   8-Uhr-Blatt, Nürnberg.